专项职业能力考核培训教材

电子器件装配

重庆市职业技能鉴定指导中心　组织编写

中国劳动社会保障出版社

图书在版编目（CIP）数据

电子器件装配 / 重庆市职业技能鉴定指导中心组织编写. -- 北京：中国劳动社会保障出版社，2024. （专项职业能力考核培训教材）. -- ISBN 978-7-5167-6580-7

Ⅰ.TN6

中国国家版本馆 CIP 数据核字第 20258YE524 号

中国劳动社会保障出版社出版发行

（北京市惠新东街 1 号　邮政编码：100029）

*

北京市白帆印务有限公司印刷装订　新华书店经销

787 毫米 ×1092 毫米　16 开本　6 印张　111 千字
2024 年 12 月第 1 版　2024 年 12 月第 1 次印刷

定价：20.00 元

营销中心电话：400-606-6496
出版社网址：https://www.class.com.cn

版权专有　　侵权必究

如有印装差错，请与本社联系调换：（010）81211666
我社将与版权执法机关配合，大力打击盗印、销售和使用盗版图书活动，敬请广大读者协助举报，经查实将给予举报者奖励。
举报电话：（010）64954652

编审委员会

主　任　王华源

副主任　宋　琦　张扬群　余朝宽

委　员　刘珊珊　邓仁康　王荣森　刘洪斌　李永佳　刘新宇
　　　　　王渝龙　王　丹　李　强　朱　烨　蓝海竹

本书编审人员

主　编　李永佳

副主编　刘新宇　郭秀梅

编　者　王　丹　李　强　朱　烨　王渝龙　蓝海竹

主　审　米运波

前　言

职业技能培训是全面提升劳动者就业创业能力、促进充分就业、提高就业质量的根本举措，是适应经济发展新常态、培育经济发展新动能、推进供给侧结构性改革的内在要求，对推动大众创业万众创新、推进制造强国建设、推动经济高质量发展具有重要意义。

为了加强职业技能培训，《国务院关于推行终身职业技能培训制度的意见》（国发〔2018〕11号）、《人力资源社会保障部　教育部　发展改革委　财政部关于印发"十四五"职业技能培训规划的通知》（人社部发〔2021〕102号）提出，要完善多元化评价方式，促进评价结果有机衔接，健全以职业资格评价、职业技能等级认定和专项职业能力考核等为主要内容的技能人才评价制度；要鼓励地方紧密结合乡村振兴、特色产业和非物质文化遗产传承项目等，组织开发专项职业能力考核项目。

专项职业能力是可就业的最小技能单元，劳动者经过培训掌握了专项职业能力后，意味着可以胜任相应岗位的工作。专项职业能力考核是对劳动者是否掌握专项职业能力所做出的客观评价，通过考核的人员可获得专项职业能力证书。

为配合专项职业能力考核工作，在人力资源社会保障部教材办公室指导下，重庆市职业技能鉴定指导中心组织有关方面的专家编写了专项职业能力考核培训教材。教材严格按照专项职业能力考核规范编写，内容充分反映了专项职业能力考核规范中的核心知识点与技能点，较好地体现了科学性、适用性、先进性与前瞻性。相关行业和考核培训方面的专家参与了教材的编审工作，保证了教材内容与考核规范、题库的紧密衔接。

专项职业能力考核培训教材突出了适应职业技能培训的特色，不但有助于读者通过考核，而且有助于读者真正掌握相关知识与技能。

本教材在编写过程中得到了重庆市渝北职业教育中心、重庆中燃城市燃气发展有限公司等单位的大力支持与协助，在此表示衷心感谢。

教材编写是一项探索性工作，由于时间紧迫，不足之处在所难免，欢迎各使用单位及读者对教材提出宝贵意见和建议，以便教材修订时补充更正。

目　录

培训任务 1　安全生产管理
学习单元 1　安全文明生产……………………………………… 2

学习单元 2　5S 管理 …………………………………………… 8

培训任务 2　装配工艺文件的识读与编制
学习单元 1　装配工艺文件的识读……………………………… 14

学习单元 2　装配工艺文件的编制……………………………… 21

培训任务 3　电子元器件的识别与检测
学习单元 1　半导体二极管的识别与检测……………………… 28

学习单元 2　半导体三极管的识别与检测……………………… 37

学习单元 3　常用集成电路的识别与检测……………………… 45

培训任务 4　电子元器件的组装
学习单元 1　通孔安装技术……………………………………… 51

学习单元 2　表面安装技术……………………………………… 62

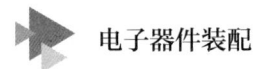

培训任务 5 电子产品的组装调试

  学习单元 1 摇摆风铃的组装调试 ·· 70
  学习单元 2 电子产品整机组装 ··· 80

附件 1 电子器件装配专项职业能力考核规范 ·· 86
附件 2 电子器件装配专项职业能力培训课程规范 ···································· 88

培训任务 1

安全生产管理

学习单元 1

安全文明生产

知识要求

一、安全文明生产的意义

安全文明生产对于保障员工生命安全、维护企业正常运营、提升企业形象和信誉、提高企业经济效益及促进社会和谐稳定发展具有重要意义。

1. 保障员工生命安全

安全生产是保障员工生命安全的必要条件。制定并督促员工遵守安全规定和操作规程,可以预防和减少事故的发生,从而确保员工的生命安全和身体健康。

2. 维护企业正常运营

安全生产有助于企业维持稳定的生产秩序,避免事故导致的停产、设备损坏和财产损失,有助于维护企业的正常运营和持续发展。

3. 提升企业形象和信誉

重视安全生产的企业往往能够赢得员工、客户和公众的信任与尊重。这有助于提升企业的形象和信誉,增强企业的市场竞争力。

4. 提高企业经济效益

安全生产有助于降低生产成本，减少事故导致的损失。同时，安全生产还能够提高产品质量和生产效率。因此，安全生产能够为企业带来更高的经济效益。

5. 促进社会和谐稳定发展

安全生产不仅关乎企业利益，也关系到社会的和谐稳定。通过加强安全生产管理，可以减少社会矛盾和冲突，维护社会稳定和促进经济发展。

因此，企业应高度重视安全生产工作，加强安全生产管理，确保生产过程的安全稳定。

二、安全用电

1. 电压限值

我国国家标准《特低电压（ELV）限值》（GB/T 3805—2008）规定，干燥条件下，频率为 15～100 Hz 的稳态交流电压限值为 33 V，稳态直流电压限值为 70 V；潮湿条件下，频率为 15～100 Hz 的稳态交流电压限值为 16 V，稳态直流电压限值为 35 V。

2. 触电

（1）电流伤害的种类。触电是指人体某些部位接触带电体，人体与带电体之间形成电流通路，电流流经人体对人体造成伤害的过程。电流对人体造成的伤害有两种，分别是电击和电伤。电击是电流对人体内部组织造成的伤害；电伤是电流的热效应、化学效应、机械效应对人体造成的伤害。电伤的主要形式有灼伤、电烙印、皮肤金属化、机械性损伤、电光眼等。

（2）触电的类型。根据人体接触带电体的具体情况，触电的类型有 4 种，分别是单相触电、双相触电、跨步电压触电和悬浮电路上的触电。

1）单相触电。单相触电是指人体的某一部位接触相线（俗称火线）或其他带电体时，另一部位与大地或中性线（俗称零线）相接，电流从相线或其他带电体流经人体到大地或中性线形成回路造成的触电，如图 1-1 所示。

2）双相触电。双相触电是指人体的不同部位同时接触同一电源的两根不同相位的相线时造成的触电，如图 1-2 所示。这种情况下，无论电网中性点是否接地，人体所承受的线电压都将比单相触电时高，因此双相触电危险性更大。单相电压为 220 V 时，两相之间电压约为 380 V。

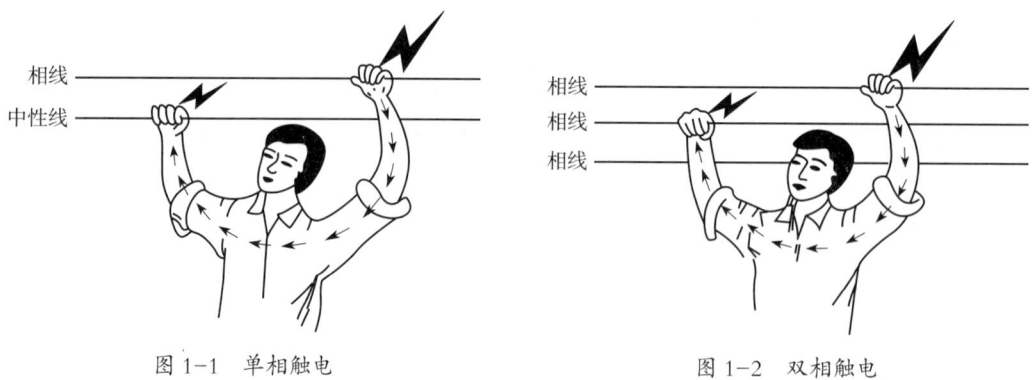

图 1-1　单相触电　　　　　　　图 1-2　双相触电

3）跨步电压触电。雷电流入大地或电力线（特别是高压线）断落到地面时，会在接地点及其周围形成强电场。其电位以接地点为中心，呈放射状向四周逐渐降低，距离接地点越近，电位越高，距离接地点越远，电位越低。当人踏入这个区域，其两脚之间会出现电位差，这种电位差被称为跨步电压，两脚间距离越大，跨步电压越大。在跨步电压作用下，电流从接触较高电位的脚流入，从接触较低电位的脚流出，形成回路，从而造成触电，这一触电类型被称为跨步电压触电，如图 1-3 所示。跨步电压的大小还与人体站立点与接地点的距离相关，距离越近，电位梯度越大，跨步电压也越大。当距离超过 20 m（理论上为无穷远处），可认为跨步电压为零，不会发生触电危险。

图 1-3　跨步电压触电

4）悬浮电路上的触电。当一次绕组、二次绕组互相绝缘的变压器（即一次绕组、二次绕组之间没有直接电路联系而只有磁路联系）二次侧引出的零线不接地，相对于大地处于悬浮状态时，人站在地面上接触二次侧电路中的一点，一般不会触电；但同时接触二次侧电路中的两点，就有可能构成回路，造成触电。很多电子设备以金属底板作为公共接地端，如果操作者身体的一部分接触金属底板（接地点），另一部分接触高电位端，就会造成触电。因此，在操作悬浮电路或类似电气设备时，为了确保操作安全，一般要求单手操作。

三、触电急救

1. 口对口人工呼吸

（1）开放触电者呼吸道，并及时清除其口腔分泌物。即先松开触电者衣裤，再使其颈部伸直，头部后仰，打开其口腔，清除口中污物，如有假牙应取下，若舌头后缩还应拉出舌头。如果触电者牙关紧闭，可以用木片、金属片等从嘴角处伸入牙缝慢慢撬开。

（2）对触电者进行口对口人工呼吸。施救者一手放在触电者前额，并用拇指和食指捏住触电者的鼻孔，另一手握住其下巴，使其头部尽量后仰，保持气道开放状态。施救者深吸一口气，以嘴包住触电者的嘴，向触电者嘴内连续吹气 2 次，每次吹气时间为 $1 \sim 1.5$ s，可通过观察触电者胸廓是否随吹气而抬起判断吹气是否有效。停止吹气后，松开捏住触电者鼻孔的手，俯身侧耳应可听见有气流呼出的声音，进一步确认吹气有效。注意吹气时要观察触电者胸廓起伏程度，若起伏过大，说明吹气太多，容易损伤肺泡；若起伏很小，则说明吹气不足。

进行口对口人工呼吸的频率为 $10 \sim 12$ 次 /min。

2. 胸外心脏按压

（1）调整体位。先将触电者移至平地，使触电者身体呈直线状，两手位于身体两侧，去枕仰卧于硬质地面上，确定触电者口腔内没有异物和假牙，将触电者头偏向一侧。

（2）按压准备。施救者应紧靠触电者胸部一侧，一般采用跪姿。解开触电者衣服，充分暴露触电者前胸。

（3）按压操作（见图 1-4）。施救者将右手掌根放在触电者两乳头连线的中点上，将左手掌根叠放于右手手背上，使手指翘起离开胸壁，也可两手手指交叉并抬起。施救者手臂与触电者胸部保持垂直，肘关节伸直，借助身体重量垂直用力向下有节律地按压，按压深度为 $5 \sim 6$ cm，按压频率为 $100 \sim 120$ 次 /min，按压与放松时间大致相等。

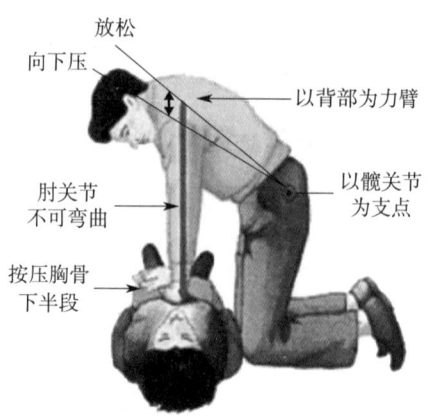

图 1-4 胸外心脏按压操作

一般情况下，触电急救需要口对口人工呼吸和胸外心脏按压两种方法一起使用，通常进行 30 次按压操作后应进行 2 次人工呼吸，循环往复，直至医务人员到达。如果有多名施救者，应每 2 min 轮换施救，换人时间控制在 5 s 内。

技能要求

触电急救

一、操作准备

准备心肺复苏训练模拟人。

二、操作步骤

步骤 1 环顾四周检查周边环境，并报告老师环境安全。

步骤 2 双膝跪地，双手拍触电者（心肺复苏训练模拟人）双肩并呼叫触电者，判断其有无意识。

步骤 3 俯身侧耳倾听触电者口鼻处，判断其有无自主呼吸。

步骤 4 触摸触电者颈动脉，判断其有无心跳。

步骤 5 检查触电者口腔，清理口腔异物。

步骤 6 报告老师触电者无意识、无自主呼吸、无心跳，有生命体征，需要对其进行急救，请帮忙拨打 120。

步骤 7 帮触电者脱去上衣，松开裤腰带。

步骤 8 开始急救。以 100～120 次 /min 的频率进行胸外按压，正确按压 30 次后正确吹气 2 次为 1 个循环。吹气时一定要打开触电者气道。

步骤 9　帮触电者穿好衣服，摸其颈动脉。报告老师触电者心跳恢复。

测试题

一、判断题（将判断结果填入括号中，正确的画"√"，错误的画"×"）

1. 干燥条件下 50 Hz 的稳态交流电压限值为 33 V。　　　　　　　　　　（　　）
2. 电伤是电流的热效应、化学效应、机械效应对人体造成的伤害。　　（　　）
3. 口对口人工呼吸的频率为 16～18 次/min。　　　　　　　　　　　　（　　）
4. 用胸外心脏按压法进行触电急救时按压频率为 100～120 次/min。　　（　　）
5. 双相触电是人体不同部位同时接触相线和中性线造成的触电。　　　（　　）

二、单项选择题（选择一个正确的答案，将相应的字母填入题内的括号中）

1. 潮湿条件下 50 Hz 的稳态交流电压限值为（　　）V。
   A. 36　　　　　B. 33　　　　　C. 24　　　　　D. 16
2. （　　）是电流对人体内部组织造成的伤害。
   A. 电击　　　　B. 电伤　　　　C. 触电　　　　D. 电烙印
3. 单相触电是人体不同部位同时接触（　　）和相线造成的触电。
   A. 相线　　　　B. 中性线　　　C. 地线　　　　D. 带电体
4. 干燥条件下稳态直流电压的限值为（　　）V。
   A. 33　　　　　B. 16　　　　　C. 70　　　　　D. 35
5. 用胸外心脏按压法进行触电急救时，按压的频率为（　　）次/min。
   A. 80～100　　　B. 100～120　　C. 120～140　　D. 60～80

测试题参考答案

一、判断题

1. √　　2. √　　3. ×　　4. √　　5. ×

二、单项选择题

1. D　　2. A　　3. B　　4. C　　5. B

学习单元 2

5S 管理

知识要求

一、5S 的含义

5S 是一种综合性的管理方法,旨在通过一系列的活动来提升工作环境、工作效率和员工素养。5S 具体是指整理（seiri）、整顿（seiton）、清扫（seiso）、清洁（seiketsu）、素养（shitsuke）。也有企业在此基础上增加了安全（safety）、节约（save）、学习（study），构成 8S。

二、5S 的目的及意义

5S 是生产活动的基础,执行 5S 能够促使管理制度成功实施,提升企业的管理水准,保证产品质量。总之,5S 是企业管理的根本。

不重视 5S 的企业会陷入无序和浪费。清爽整洁的作业环境能提升工作效率、营造和谐的工作氛围,从而提高产品品质,获得客户的信赖,同时能够吸引更多人才的加入。

践行 5S 的企业通常有干净整洁的工作环境,如图 1-5 所示；不重视 5S 的企业工作环境凌乱，如图 1-6 所示。

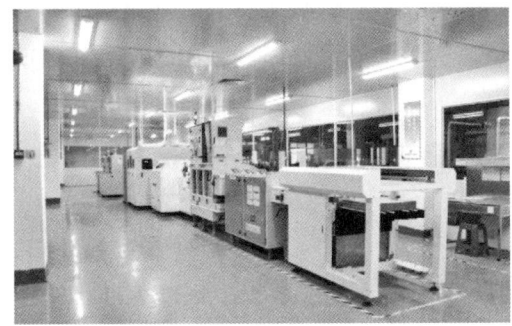

图 1-5　干净整洁的工作环境

图 1-6　凌乱的工作环境

三、5S 的内容

1. 整理

整理是将工作场所的物品区分为有必要的和没有必要的，留下有必要的物品，清除没有必要的物品。整理的目的是腾出空间，活用空间；防止误用、误送；打造清爽、舒适、高效的工作环境。需要注意的是整理要果断，没有必要的物品要果断加以处理。

整理的基本原则是"整出条理，理出头绪"，把有必要的与没有必要的物品区分处理，把有必要的物品按使用目的分门别类，把没有必要的物品丢弃或者报废。改变和破除"所有东西都是有用的""留之无用，弃之可惜"等观念。没有必要的物品会造成工作场所空间的浪费，形成积压资金，造成物品的浪费，导致不良品、机械故障，增加物品搬运作业。

整理的要诀是：不需要的物品丢弃，不常用的物品存放在比较远的地方，偶尔使用的物品安排专门的空间存放，经常使用的物品存放在作业区附近或身旁。

2. 整顿

整顿是将整理后留下来要用的物品按规定位置摆放,并放置整齐,加以标识,如图 1-7 所示。其目的是让工作场所一目了然,减少找寻物品的时间,同时把工作环境收拾得整整齐齐,从而提高工作效率。

图 1-7 整顿进行中

3. 清扫

清扫是将工作场所内明显的和隐蔽、不易察觉的地方都清扫干净,保持工作场所干净、美观。其目的是营造有序、安全、健康的工作环境,稳定和提升产品质量,减少安全隐患。

4. 清洁

清洁是指通过制度化管理维持整理、整顿、清扫的成果。

5. 素养

素养是指每位员工养成良好的习惯,遵守规则,保持主动积极的精神状态。培养员工形成良好的素养能够为企业发展奠定坚实的人文基础。

这 5 个环节共同帮助企业打造高效、安全、有序的工作环境。

四、5S 的实施

1. 进行整理

整理的核心是对工作场所内的物品进行区分,明确哪些是必要的,哪些是不必要的,将不必要的物品移除,以减少对空间的占用,消除混乱无序的状态。

2. 进行整顿

在整理的基础上,对必要的物品进行合理的布局和标识,使得每件物品都有其固定的存放位置。存放位置应是明确、容易识别的。

3. 进行清扫

清扫是保持工作环境整洁的过程,应做好日常打扫和对设备的维护保养。

4. 进行清洁

制定相应的制度,通过制度化管理将清扫后整洁的状态保持下去。

5. 培养素养

素养是 5S 中最重要的一项。应帮助员工养成良好的工作习惯,做到文明礼貌、遵守行为规范,如遵守规章制度、尊重他人、注重细节等。

测试题

一、判断题（将判断结果填入括号中,正确的画"√",错误的画"×"）

1. 清扫后不需要进行清洁。　　　　　　　　　　　　　　　　（　　）
2. 5S 中整理和整顿可以合二为一,只做一项。　　　　　　　（　　）
3. 5S 是一个整体,缺一不可。　　　　　　　　　　　　　　（　　）
4. 整顿可以把不必要的物品清除。　　　　　　　　　　　　（　　）
5. 良好的素养包括养成良好的工作习惯、遵守行为规范。　（　　）

二、单项选择题（选择一个正确的答案,将相应的字母填入题内的括号中）

1. 整理时（　　）对物品进行分类。

A. 不需要　　　　B. 需要　　　　C. 不一定要　　　　D. 不可

2. 清洁和清扫（　　）重复的工作。

A. 不是　　　　B. 是　　　　C. 有时　　　　D. 在大多数情况下是

3. 对必要的物品进行合理的布局和标识是（　　）环节的工作内容。

A. 整理　　　　　B. 整顿　　　　　C. 清洁　　　　　D. 清扫

4. （　　）环节可以使工作场所整洁无污物。

A. 整理　　　　　B. 整顿　　　　　C. 清洁　　　　　D. 清扫

5. （　　）环节可以使工作场所保持整洁。

A. 整理　　　　　B. 整顿　　　　　C. 清洁　　　　　D. 清扫

测试题参考答案

一、判断题

1. ×　　2. ×　　3. √　　4. ×　　5. √

二、单项选择题

1. B　　2. A　　3. B　　4. D　　5. C

培训任务 2

装配工艺文件的
识读与编制

学习单元 1

装配工艺文件的识读

知识要求

工艺文件是根据产品的设计文件，结合本企业的实际情况编制而成的。它是企业进行生产准备、原材料供应、计划管理、生产调度、劳动力调配、工模具管理的主要依据，是企业加工生产、检验的技术指导文件。

企业是否具备先进、科学、合理、齐全的工艺文件是企业能否安全、优质、高产低消耗地制造产品的决定性条件。

一、装配工艺文件的作用

装配工艺文件在生产过程中扮演着至关重要的角色，其作用主要体现在以下 5 个方面。

1. 指导装配工作

装配工艺文件是指导装配工作的主要技术文件之一。它详细规定了装配顺序、装配方法、装配技术要求等，为装配工人提供了明确的操作指导。装配工人遵循装配工艺文件进行装配，能够确保装配的准确性和一致性，从而提高产品质量。

2. 组织生产

装配工艺文件不仅是装配工作的指导性文件，也是组织生产的重要依据。它根据生产计划和生产条件，合理安排装配工序和人员，能够确保生产过程的顺利进行。同时，装配工艺文件还规定了装配所需的设备、工具、时间定额等，为生产管理部门提供了重要的参考信息。

3. 提高产品质量和装配效率

装配工艺文件通过规范装配过程，降低了人为错误和装配缺陷的发生概率，从而提高了产品质量。同时，它还能够优化装配流程，提高装配效率，降低生产成本。例如，通过合理安排装配顺序、采用合适的装配方法，可以减少装配过程中的等待时间和搬运次数，提高装配效率。

4. 促进经验交流和知识传承

装配工艺文件是生产实践和科学实验的总结，包含了丰富的经验和知识。装配工艺文件的学习过程也是经验交流和知识传承的过程。通过学习装配工艺文件，装配工人可以不断提高自己的技能水平。此外，装配工艺文件还可以作为产品转厂生产时的交换资料，帮助不同生产企业之间实现技术交流和合作。

5. 帮助企业适应生产发展的需要

随着生产的发展和技术的进步，装配工艺文件也需要不断地进行修订和完善。通过不断地优化装配工艺文件，可以适应新的生产条件和市场需求，提高产品的竞争力和市场占有率。

二、装配工艺文件的种类

装配工艺文件可以从多个角度进行分类，以下是一些常见的分类方式。

1. 按内容分类

（1）作业方法类

1）装配顺序书。装配顺序书详细列明了产品装配的先后顺序。

2）作业指导书。作业指导书列明了具体的操作步骤和注意事项，为装配工人提供指导。

3）检验作业指导书。检验作业指导书主要用于指导装配过程中的质量检验工作。

4）工艺控制文件。工艺控制文件主要规定了对工艺参数进行控制和调整的相关事项。

5）各类清单。包括物料清单、工具清单等，用于指导装配前的准备工作。

6）工艺路线和物流文件。工艺路线和物流文件主要用于描述产品从原材料到成品的整个工艺流程和物流路径。

7）定置、定量、文明生产管理文件。定置、定量、文明生产管理文件主要用于规范生产现场的管理，确保生产环境整洁有序。

（2）作业标准类

1）操作规程。操作规程主要规定装配操作的具体步骤和标准。

2）工艺标准。工艺标准主要设定产品装配的技术要求和工艺要求。

3）质量标准。质量标准用于明确产品的检验标准和合格判定依据。

4）工艺规范。工艺规范用于对装配过程中的各项操作进行规范化管理。

（3）定额标准类

1）工时定额。工时定额主要规定完成装配任务所需的时间。

2）材料定额。材料定额用于明确装配过程中所需材料的种类和数量。

2. 按使用性质分类

（1）专用工艺规程。专用工艺规程是专门为某产品或某组装件的某一工艺阶段编制的装配工艺文件，具有针对性和独特性。

（2）通用工艺规程。通用工艺规程是适用于多种产品、组装件或工艺阶段的通用性装配工艺文件，具有一定的普适性和灵活性。

（3）标准工艺规程。标准工艺规程是经过长期生产实践验证的标准化的装配工艺文件，具有规范性和权威性。

3. 按加工对象分类

（1）机械加工工艺卡。机械加工工艺卡是针对机械加工过程中的装配环节制定的工艺文件。

（2）电气装配工艺卡。电气装配工艺卡是电气设备和电子元器件的装配工艺文件。

（3）线扎工艺卡。线扎工艺卡是专门用于指导线束、线缆等的装配工作的工艺文件。

（4）油漆涂覆工艺卡。油漆涂覆工艺卡是用于指导产品表面喷涂等工艺环节的工艺文件。

4. 其他分类方式

除了上述分类方式外,装配工艺文件还可以根据企业实际情况和需要进行其他方式的分类,如按产品系列、按生产阶段、按工艺特征等进行分类。

三、装配工艺文件的内容

装配工艺文件一般涉及准备工序、流水线工序和调试检验工序,各工序工艺文件的具体内容如下。

1. 准备工序工艺文件内容

(1)规定电子元器件筛选、电子元器件引脚成型和搪锡的工艺要求。
(2)规定绕组和变压器绕制、导线加工的工艺要求。
(3)规定线把捆扎、地线成型、电缆制作的工艺要求。
(4)规定套管剪切、标记打印等的工艺要求。

2. 流水线工序工艺文件内容

(1)规定流水线上需要的工序数目。
(2)规定每个工序的工时。
(3)规定工序顺序。

3. 调试检验工序工艺文件的内容

(1)标明测试仪器仪表的种类、精度等级标准及连接方法。
(2)标明各项技术指标的规定值及测试条件和方法,明确规定检验项目和检验方法。

技能要求

识读装配工艺文件

一、操作准备

准备装配工艺文件1份。

二、操作步骤

步骤1　识读装配工艺文件的封面

识读装订成册的装配工艺文件封面上的信息。装配工艺文件封面示例如图2-1所示。

×× 市××××科技有限公司
装配工艺文件
第 × 册
共 × 册
共 × 页

产品名称：笔记本计算机
产品型号：××××
本册内容：整机装配

批准（签字）：
年　月　日

图2-1　装配工艺文件封面示例

步骤2　识读装配工艺文件的目录

识读装订成册的装配工艺文件的目录。目录反映了产品装配工艺文件的整体构成，为生产、计划、调度提供信息。装配工艺文件目录示例如图2-2所示。

步骤3　识读装配工艺文件的配套明细表

配套明细表是装配需要用的零件、部件、整件、材料等的清单，可供各有关部门在配套及领料、发料时使用，也可以作为工艺过程表的附页。配套明细表示例如图2-3所示。

××市××××科技有限公司装配工艺文件		产品名称			
		产品型号		图号	
序号	代号	名称		页数	备注
1					
2					
3					
4					
			拟制	签名日期	
			审校		
			标准化	版本	
签名	日期		批准	第×页 共×页	

图 2-2 装配工艺文件目录示例

		配套明细表		产品型号和名称		产品图号			
				××××笔记本计算机		×××××			
		序号	名称	型号规格	数量	位号	转入位置		
		1	中央处理器	××.×.×××.×××	1		基板		
		2	主板	××.×.×××.×××	1		基板		
		3	前壳	××.×.×××.×××	1		整机		
		4	后盖	××.×.×××.×××	1		整机		
		5							
		6							
		……							
旧底图总号	更改标记	数量	更改单号	签名	日期	签名	日期	第×页	
				拟制					
				审核				共×页	
底图总号									
				标准化				第×册	共×册

图 2-3 配套明细表示例

仪器仪表明细表、工位器具明细表、材料消耗定额表等与配套明细表的识读方法相同。

步骤 4 识读装配工艺文件的工艺过程表

装配工艺文件的工艺过程表示例如图 2-4 所示。

工艺过程表		产品型号和名称	产品图号	
		××××笔记本计算机	×××××	
序号	工位顺序号	作业内容摘要	工艺文件页号	
1	插件1	插入电子元器件×个	××××笔记本计算机专用工艺文件第×册第×页	
2	插件2	插入电子元器件×个	××××笔记本计算机专用工艺文件第×册第×页	
……				
10	插件检验	检验插件工艺质量	装配通用工艺文件第×册第×页	
11	浸焊	印制电路板焊接	装配通用工艺文件第×册第×页	
……				

旧底图总号	更改标记	数量	更改单号	签名	日期		签名	日期	第×页	
						拟制				
						审核			共×页	
底图总号										
						标准化			第×册	共×册

图 2-4 工艺过程表示例

学习单元 2

装配工艺文件的编制

知识要求

一、装配工艺文件的编制原则

装配工艺文件应根据产品的批量、复杂程度及生产的实际情况,按照一定的规范和格式编写,配齐后装订成册。编制装配工艺文件需要综合考虑产品要求、经济合理性、操作简便性、适应性与灵活性、安全性等方面。装配工艺文件编制完成后须严格审核、及时修订。

1. 产品导向原则

(1)符合产品要求。编制装配工艺文件应充分考虑产品要求,确保每个装配步骤和细节都符合产品的设计规格和性能要求。

(2)对关键质量特性进行控制。针对产品关键质量特性,要明确其对应的工艺流程、操作方法,并确定工序中的控制点,提出对主导因素的控制方法,以确保产品质量。

2. 经济合理原则

(1)工艺手段最优化。应在满足装配周期要求的前提下,以最为经济合理的工艺

手段进行装配,合理安排装配的工序,减少手工劳动量,提高装配效率。

(2)降低成本。应通过优化装配工艺,降低装配成本,包括减少材料消耗、提高材料利用率、降低能耗等。

3. 操作简便原则

(1)易于理解。装配工艺文件应一目了然,使装配工人便于操作,必要时可加注简要说明,避免复杂和模糊的表述。

(2)标准化。装配工艺文件的内容应符合行业标准和规范,使用规范的表述和图形符号,保证文件的统一性和规范性。

4. 适应性与灵活性原则

(1)考虑到批量与复杂度。装配工艺文件要根据产品批量大小和复杂程度有针对性地进行编制。对于一次性生产的产品,可不编写详细的装配工艺文件;对于未定型的产品,可编制部分必要的装配工艺文件。

(2)考虑到设备条件与装配工人技能水平。编制装配工艺文件时要考虑到车间的组织形式和设备条件,以及装配工人的技能水平等情况,确保装配工艺文件具有可操作性和实用性。

5. 安全性原则

在编制装配工艺文件时,应充分考虑安全生产的要求,避免选择有危险性的操作方法和工具,确保装配工人在生产过程中的人身安全。

6. 严格审核与及时修订原则

(1)严格审核。编制成的装配工艺文件要执行审核、批准等手续,确保文件的准确性和有效性。

(2)及时修订。当设备更新、技术革新或产品变更时,应及时修订装配工艺文件,以保证其与实际生产情况的相符性。

二、装配工艺文件的编制步骤

1. 研究产品装配图和技术要求

审核产品图样的完整性、准确性,分析产品结构工艺性,确定产品的装配技术要求,准确计算装配尺寸链。

2. 确定装配单元和装配基准

将产品划分为不同的装配单元,如套件、组件、部件等,并以某一个零件或产品第一级的装配单元作为装配基准,该基准件应具有较大的体积和重量,有足够的支撑面及较多的公共结合面。

3. 安排装配顺序

根据装配单元的划分方式和确定的装配基准安排装配的顺序。安排装配顺序时通常遵循先难后易、先内后外、先下后上、预处理工序在前的原则。

4. 确定装配工序内容和规范

划分装配工序,明确每个工序的具体内容。确定各装配工序的操作规范、质量要求、检验方法等。

5. 选择装配所需的工具和设备

根据装配工序的技术需要,选择合适的工具和设备。

6. 编制装配工艺文件

装配工艺文件通常包括工艺卡、工序卡、工艺守则、配套明细表、工艺过程表等。

(1)编制工艺卡。工艺卡针对零件的某一工艺阶段而编制,规定了零件在这一阶段的各道工序,以及使用的设备和工艺装备、工时定额、所用材料规格。

(2)编制工序卡。工序卡用于规定某一工序内具体的工艺规程,包括装配操作顺序、详细操作方法、技术要求、质量标准、使用的设备和工艺装备、必要的简图、检验卡和注意事项等。工序卡也被称为作业指导书。

(3)编制工艺守则。工艺守则也称操作规程,是企业实施生产现场管理、检查工艺纪律执行情况的重要依据,基于对同类工艺操作规程的总结来制定。

(4)编制配套明细表。编制配套明细表是一个列出和管理项目或产品所需零件、部件、整件、材料等的详细清单的过程。编制配套明细表的主要依据是产品的设计图。配套明细表示例如图 2-3 所示。

(5)编制工艺过程表。应根据设计图和配套明细表给定的零件、部件、整件、材料等制定装配工艺,确定装配工位,编制工艺过程表。工艺过程表示例如图 2-4 所示。

7. 审核和修订

装配工艺文件编制完成后,应对其进行审核,确保无误。应根据实际生产情况,适时对装配工艺文件进行修订和完善。

三、装配工艺文件编制的注意事项

1. 在编制装配工艺文件时，应充分考虑生产现场的实际情况和装配工人的技能水平。

2. 须确保装配工艺文件的准确性和可操作性，便于装配工人理解和执行。

3. 应定期对装配工艺文件进行评估和更新，以适应产品改进和生产条件的变化。

技能要求

编制装配工艺文件

一、操作准备

为图 2-5 所示的电子风车编制装配工艺文件。

图 2-5　电子风车

二、操作步骤

步骤 1　制定装配工艺文件的编制原则。

步骤 2　确定要编制的装配工艺文件（配套明细表和工艺过程表）。

步骤 3　根据图 2-5 确定装配所需电子元器件，并编制配套明细表。

步骤 4　根据装配所需电子元器件的类型和特点，编制装配过程表。

测试题

判断题（将判断结果填入括号中，正确的画"√"，错误的画"×"）

1. 编制装配工艺文件不需要考虑经济因素。（ ）
2. 编制装配工艺文件需要考虑安全因素。（ ）
3. 装配工艺文件需要定期修订。（ ）
4. 编制装配工艺文件需要考虑可操作性。（ ）
5. 编制装配工艺文件需要考虑装配工人的技能水平。（ ）

测试题参考答案

判断题

1. ×   2. √   3. √   4. √   5. √

培训任务 3

电子元器件的识别与检测

学习单元 1

半导体二极管的识别与检测

知识要求

一、认识半导体二极管

半导体二极管是常用的电子器件，简称二极管。

1. 二极管的结构

二极管由一个 PN 结、电极引脚及外壳构成。

2. 二极管的分类

（1）按材料分类。按所用材料，二极管可以分为硅二极管和锗二极管。硅二极管具有较高的反向电阻和较低的正向压降，耐高温和辐射，常用于集成电路和功率器件中；锗二极管具有较低的反向电阻和较高的正向压降，但在高温和辐射环境下性能不如硅二极管稳定，现已较少使用。

（2）按用途分类。按用途，二极管可以分为整流二极管、开关二极管、保护二极管等。整流二极管用于将交流电转换为脉动直流电。开关二极管在数字电路中作为开关使用，用于控制电路的通断。保护二极管有瞬态电压抑制二极管等，瞬态电压抑制二极管可用于保护电路免受瞬态过电压的损坏。

(3)按封装形式分类。按封装形式,二极管可以分为直插二极管和表面安装二极管。直插二极管(见图3-1)具有引脚,可直接插入电路板的孔中。表面安装二极管(见图3-2)体积小、重量轻,适用于高密度集成电路板的表面贴装。

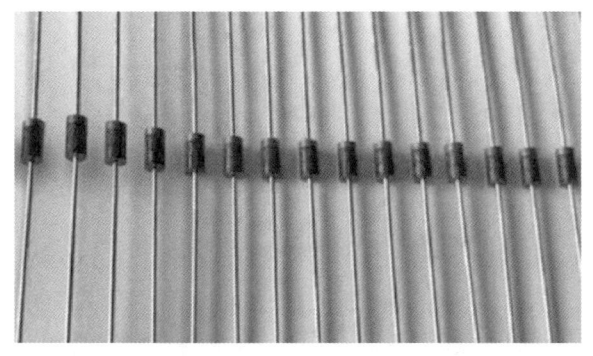

图3-1 直插二极管

图3-2 表面安装二极管

(4)按功能分类。按功能,二极管可以分为普通二极管、稳压二极管、发光二极管、光电二极管、变容二极管、肖特基二极管等。

1)普通二极管。普通二极管包括整流二极管、检波二极管等,主要具有整流、检波等基础功能。整流二极管是将交流电转变成脉动直流电的二极管,通常外壳封装形式采用金属封装、塑料封装或者玻璃封装。塑料封装整流二极管如图3-3所示。检波二极管是用于把叠加在高频载波上的低频信号卸载下来的器件,具有较高的检波效率和良好的频率特性,外壳封装形式一般采用玻璃封装。

图3-3 塑料封装整流二极管

2)稳压二极管(见图3-4)。稳压二极管又称齐纳二极管,是利用硅二极管的反向击穿特性制作而成的一种二极管,能够稳定电压。当施加在稳压二极管上的反向电压超过某一值时,反向电流急剧增加,但二极管两端的电压几乎保持不变。稳压二极管常用于稳压电路中。需要注意的是，为了使稳压二极管发挥稳压作用，需要在其两端施加反向偏置电压。

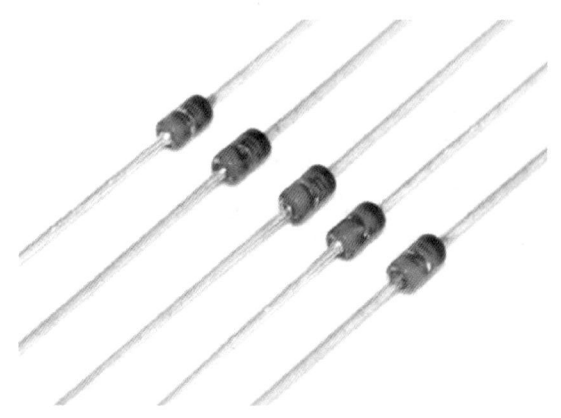

图 3-4　稳压二极管

3）发光二极管（见图 3-5）。发光二极管除具有单向导电性外，还可以将电能转换为光能。采用不同的制作工艺，发光二极管可以发出红色、蓝色、黄色、绿色、白色等不同颜色的光。发不同颜色光的发光二极管在发光时，其导通压降和电流稍有不同。发光二极管工作时，通常需要在电路中串联适当的限流电阻，以保证发光二极管不会因电流过大而烧毁。

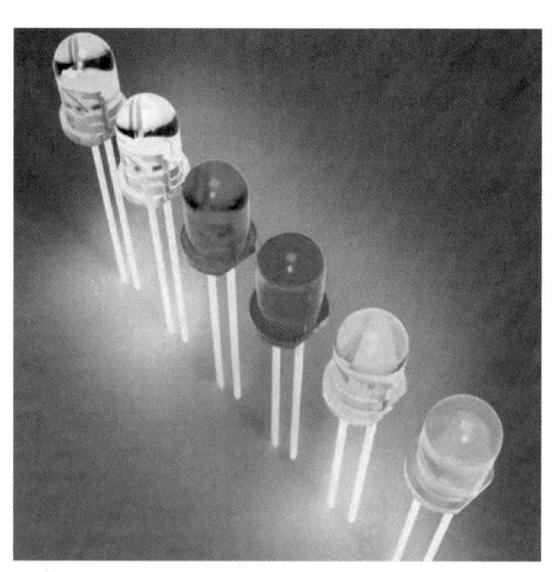

图 3-5　发光二极管

4）光电二极管。光电二极管是能够将光信号转换为电信号的二极管，常用于光通信、光测量等领域。

5）变容二极管。变容二极管的结电容随反向电压的变化而变化,可用于调谐电路、振荡电路等。

6）肖特基二极管。肖特基二极管具有快速开关特性,常用于高频电路、射频电路等。

3. 二极管的电路符号

常见二极管的电路符号如图 3-6 所示。三角形顶角指向的一端为二极管的负极。

普通二极管　稳压二极管　发光二极管　光电二极管　变容二极管

图 3-6　常见二极管的电路符号

4. 二极管的伏安特性曲线

二极管的伏安特性是指加在二极管两端的电压和流过二极管的电流之间的关系。二极管的伏安特性曲线如图 3-7 所示。

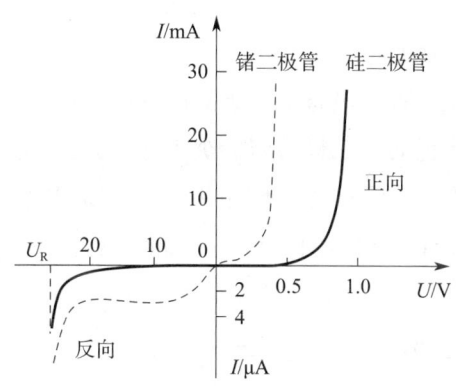

图 3-7　二极管的伏安特性曲线

（1）正向特性。当外加正向电压较小时,由于外电场还不能克服 PN 结内电场的作用,正向电流很小,只有当正向电压超过一定数值后(该电压称为死区电压),二极管导通,并且随着电压的增大,电流迅速增大。锗二极管的死区电压约为 0.1 V,硅二极管的死区电压约为 0.5 V。二极管两端正向电压超过死区电压后,流过二极管的电流迅速增大,这时二极管两端电压变化不大,这时二极管两端电压称为二极管的导通电压,也称管压降,一般硅二极管的管压降为 0.6~0.8 V,锗二极管的管压降为 0.2~0.3 V。

（2）反向特性。在二极管上加反向电压时，二极管截止，电流很小，并且几乎不随反向电压而变化，称为反向饱和电流。通常硅二极管的反向饱和电流比锗二极管的反向饱和电流小。当反向电压超过某一数值时，二极管的反向电流急剧增大，这种现象称为反向击穿。产生反向击穿时加在二极管两端的反向电压称为反向击穿电压，图 3-7 中用 U_R 表示。

5．二极管的特性

二极管具有单向导电特性。即当向二极管施加高于死区电压的正向电压时，二极管处于正向偏置状态（简称正偏），此时二极管电阻较小，电流可以从正极流向负极，二极管处于导通状态；当向二极管施加反向电压或者正向电压低于二极管的死区电压时，二极管处于反向偏置状态（简称反偏），此时二极管电阻很大，电流很难通过，电路中电流很小，二极管处于截止状态。

6．二极管的主要参数

二极管的主要参数有额定正向工作电流、最高反向工作电压、最高工作频率等。

额定正向工作电流是指二极管长期连续工作时允许通过的最大正向电流。若流经二极管的电流超过该电流，将导致二极管因发热而损坏。因此，二极管使用中应确保流经二极管的电流不超过额定正向工作电流。

最高反向工作电压是保证二极管不被击穿而给出的反向峰值电压。当加在二极管两端的反向电压达到一定值时，二极管将会被击穿，失去单向导电能力。为了保证使用安全，对二极管两端所加的反向电压不能超过最高反向工作电压。

最高工作频率是二极管在正常工作条件下的最高频率。

二、二极管正负极标识方法

1．直标法

直标法即在二极管的外壳上直接印上二极管的图形符号和型号，如图 3-8 所示。可根据二极管的图形符号直接判断二极管的正负极。

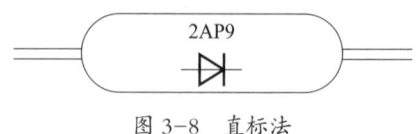

图 3-8　直标法

2. 色标法

色标法即在二极管外壳的一端用银色环或者黑色环做标记，表示负极，如图3-9所示。

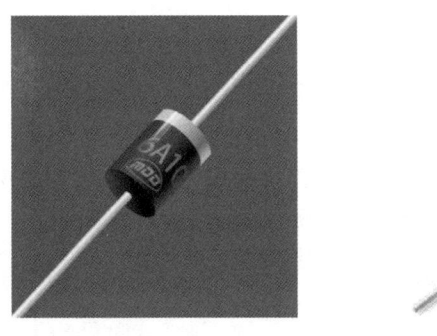
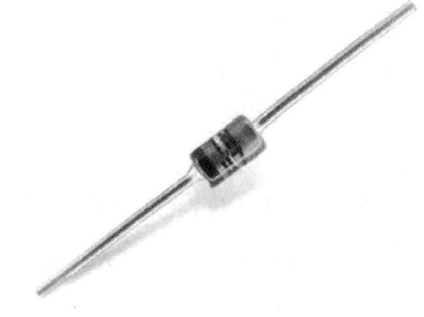

图3-9　色标法

3. 色点标注法

色点标注法即在二极管外壳的一端标出一个色点，有色点的一端为二极管的正极，另一端为负极，如图3-10所示。

图3-10　色点标注法

4. 根据引脚长度识别

有的二极管可以根据引脚长度来识别正负极，如发光二极管的长引脚为正极，短引脚为负极，如图3-11所示。

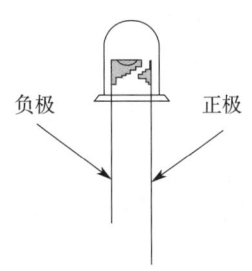

图3-11　根据引脚长度识别

三、二极管的检测

1. 二极管正负极的判别

（1）观察二极管外壳上是否有图形符号。如直接标有二极管图形符号，根据二极管图形符号确定其正负极。

（2）观察二极管外壳上是否有色环或色点。如有色环，则色环一端为负极；如有色点，则色点一端为正极。

（3）观察二极管外观的其他特征，如发光二极管长引脚为正极，短引脚为负极。

（4）用指针式万用表（见图3-12）电阻挡检测二极管正负极

1）机械调零。将指针式万用表水平放置，调整机械调零旋钮，使万用表的指针指在刻度盘左侧的零点上。

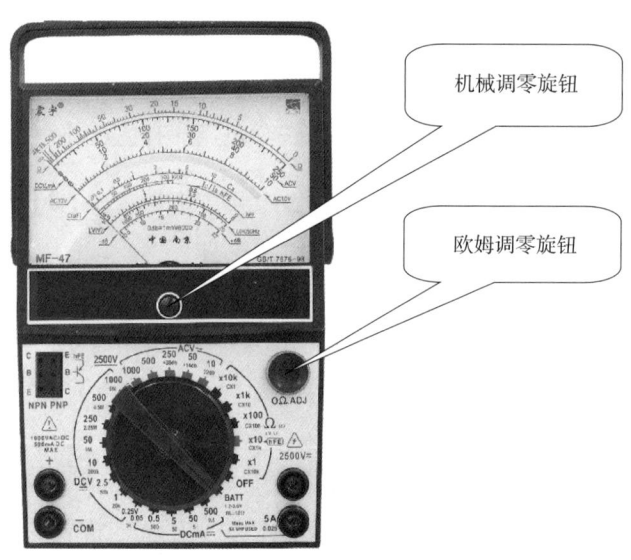

图3-12 指针式万用表

2）选择量程。将万用表的转换开关旋至"×1k"挡。

3）欧姆调零。将万用表的黑表笔插入"COM"孔，红表笔插入"+"孔，并将红、黑表笔相互接触，调节欧姆调零旋钮使万用表的指针指在刻度盘最右侧的零点上。

4）测量电阻。用万用表的红、黑表笔分别接触二极管的两个电极，读出万用表的读数，然后交换红、黑表笔，再次测量。比较两次测量得到的电阻，测得电阻较小的一次黑表笔连接的是二极管的正极，红表笔连接的是二极管的负极。

2. 二极管完好性的检测

按照上述测量电阻的方式，用指针式万用表测量二极管的正向电阻和反向电阻。若一次电阻大、一次电阻小，说明二极管完好；若两次电阻都小，说明二极管内部可能发生了短路；若两次电阻都大，说明二极管内部可能开路，二极管不导通。

技能要求

半导体二极管的识别与检测

一、操作准备

准备指针式万用表 1 个、整流二极管若干、发光二极管若干、稳压二极管若干。

二、操作步骤

步骤 1 分别测量给定二极管的正向电阻和反向电阻，并记录在表 3-1 中。

表 3-1　　　　　　　　　　二极管的电阻和质量情况

序号	二极管标号	正向电阻	反向电阻	质量情况
1				
2				
3				
4				
5				
6				
7				
8				
9				
……				

步骤 2 根据测得的电阻判断各二极管的正负极。

步骤 3 根据测得的电阻判断各二极管是否完好，并将质量情况记录在表 3-1 中。

测试题

一、判断题（将判断结果填入括号中，正确的画"√"，错误的画"×"）

1. 二极管具有单向导电性。　　　　　　　　　　　　　　　　　　　（　　）
2. 稳压二极管不具有单向导电性。　　　　　　　　　　　　　　　　（　　）
3. 二极管正向电阻大。　　　　　　　　　　　　　　　　　　　　　（　　）
4. 二极管有色环的一端是正极。　　　　　　　　　　　　　　　　　（　　）
5. 硅二极管的死区电压高于锗二极管。　　　　　　　　　　　　　　（　　）

二、单项选择题（选择一个正确的答案，将相应的字母填入题内的括号中）

1. 发光二极管的长引脚是它的（　　）。

    A. 正极　　　　　　B. 负极　　　　　　C. 基极　　　　　　D. 发射极

2. 有色点的一端是二极管的（　　）。

    A. 正极　　　　　　B. 负极　　　　　　C. 基极　　　　　　D. 发射极

3. 二极管的正向电阻与反向电阻相比（　　）。

    A. 较大　　　　　　B. 较小　　　　　　C. 相等　　　　　　D. 有时大有时小

4. 发光二极管工作时（　　）限流电阻。

    A. 需要　　　　　　　　　　　　　　　B. 不需要

    C. 可以要也可以不要　　　　　　　　　D. 有时需要

5. （　　）二极管可以起稳压作用。

    A. 整流　　　　　　B. 发光　　　　　　C. 稳压　　　　　　D. 检波

测试题参考答案

一、判断题

1. √　　2. ×　　3. ×　　4. ×　　5. √

二、单项选择题

1. A　　2. A　　3. B　　4. A　　5. C

学习单元 2

半导体三极管的识别与检测

知识要求

一、认识半导体三极管

半导体三极管即双极型三极管,也是常用的电子器件,简称三极管。

1. 三极管的结构与符号

三极管是在一块半导体基片上利用掺杂工艺制造出 3 个半导体区域,这 3 个半导体区域中,中间和两侧的类型不同,中间区域称为基区,两侧区域分别称为发射区和集电区。在基区和发射区的交界处形成一个 PN 结,称为发射结;在基区和集电区的交界处也形成一个 PN 结,称为集电结。从 3 个半导体区域分别引出 3 个电极,这 3 个电极分别称为基极 B(base)、集电极 C(collector)、发射极 E(emitter)。这就是三极管的"三极""三区""两结"。

根据三极管中导电粒子的不同,三极管可以分为 NPN 型和 PNP 型两种,其图形符号如图 3-13 所示。NPN 型三极管结构如图 3-14 所示。

NPN 型三极管的导电粒子是自由电子,其移动方向与电流方向相反。

PNP 型三极管的导电粒子是空穴,其移动方向与电流方向一致。

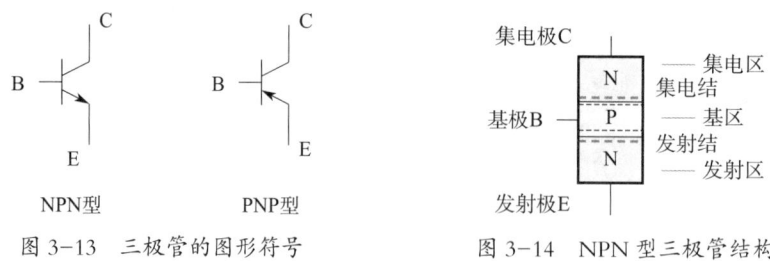

图 3-13 三极管的图形符号　　图 3-14 NPN 型三极管结构

2. 三极管的分类

（1）按制作材料，三极管可分为硅三极管和锗三极管两种。

（2）按导电粒子，三极管可分为 NPN 型三极管和 PNP 型三极管两种。

（3）按功能，三极管可分为开关管、功率管、达林顿管、光敏管等。

（4）按功率，三极管可分为小功率管、中功率管、大功率管 3 种。

（5）按工作频率，三极管可分为低频管和高频管两种。

3. 三极管的放大条件

三极管具有放大电流的作用，其放大条件包括内部条件和外部条件。内部条件是基区很薄，且掺杂浓度较低；发射区掺杂浓度高；集电结面积大，且集电区掺杂浓度低。外部条件是发射结正偏，集电结反偏。

4. 三极管的电流放大关系和电流分配关系

（1）三极管的电流放大关系。当三极管基极电流发生微小变化时，集电极电流会发生较大的变化，基极电流变化和集电极电流变化间的比例关系决定了三极管的放大倍数。

1）直流电流放大倍数（$\bar{\beta}$ 或 h_{FE}）。直流电流放大倍数是指集电极电流（I_C）与基极电流（I_B）在直流状态下的比值，即 $\bar{\beta} = \dfrac{I_C}{I_B}$。

这个比值反映了三极管在直流条件下对基极电流的放大能力。不同型号的三极管具有不同的直流电流放大倍数，这个值可以从三极管的数据手册中查到。

2）交流电流放大倍数（β）。交流电流放大倍数是指集电极电流的变化量（ΔI_C）与基极电流的变化量（ΔI_B）之间的比值，即 $\beta = \dfrac{\Delta I_C}{\Delta I_B}$。

这个比值反映了三极管在交流信号作用下的放大能力。低频时，三极管的直流电流放大倍数和交流电流放大倍数的数值相差不大。

（2）三极管的电流分配关系。三极管的电流分配关系指的是三极管中 3 个电极

（基极 B、发射极 E、集电极 C）中电流的关系。根据电流连续性原理，三极管的发射极电流（I_E）等于基极电流（I_B）与集电极电流（I_C）之和，即 $I_E = I_B + I_C$。

这个关系是三极管电流分配的基本规律。在实际应用中，由于基区很薄且掺杂浓度较低，注入基区的电子大部分能够扩散到集电结并被集电区收集，形成集电极电流，而只有很少一部分电子在基区与空穴复合，形成基极电流。因此，集电极电流通常是基极电流的几十倍到几百倍。

5. 三极管的输入输出特性曲线

（1）输入特性曲线。三极管的输入特性曲线反映的是当集电极与发射极之间的电压 U_{CE} 确定时，基极与发射极间的电压 U_{BE} 与 I_B 的关系。测试三极管输入输出特性曲线的实验电路如图 3-15 所示。通过测试，可得某三极管的输入特性曲线，如图 3-16 所示。根据此曲线可知以下内容。

1）当 $U_{CE} = 0\,V$ 时，输入特性曲线相当于发射结的正向伏安特性曲线。

2）当 $U_{CE} \geq 1\,V$ 时，$U_{CB} = U_{CE} - U_{BE} > 0$，集电结已进入反偏状态，开始收集电子，基区复合减少，同样的 U_{BE} 下 I_B 减小，输入特性曲线右移。

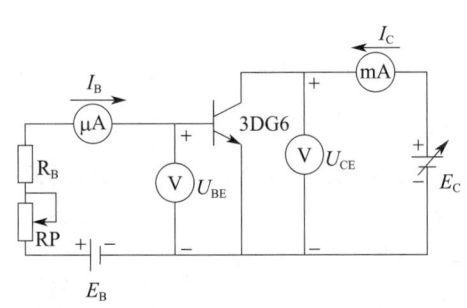

图 3-15 测试三极管输入输出特性曲线的实验电路

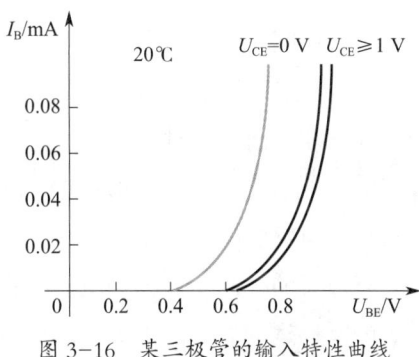

图 3-16 某三极管的输入特性曲线

（2）输出特性曲线。三极管的输出特性曲线反映的是当 I_B 确定时，U_{CE} 与 I_C 之间的关系。利用图 3-15 电路测得的某三极管的输出特性曲线如图 3-17 所示。从图中可以看出，三极管的输出特性曲线一共有 3 个区域，分别是饱和区、放大区和截止区。

1）饱和区。在此区域，三极管处于饱和状态，集电极电流 I_C 随 U_{CE} 的增大而迅速增大，基本不受 I_B 的影响。饱和区结束时的 U_{CE} 称为饱和管压降，一般三极管的饱和管压降为 0.2 ~ 0.3 V。此时，三极管的发射结正偏，集电结正偏。

2）放大区。在此区域，三极管处于放大状态，集电极电流 I_C 基本不随 U_{CE} 的增

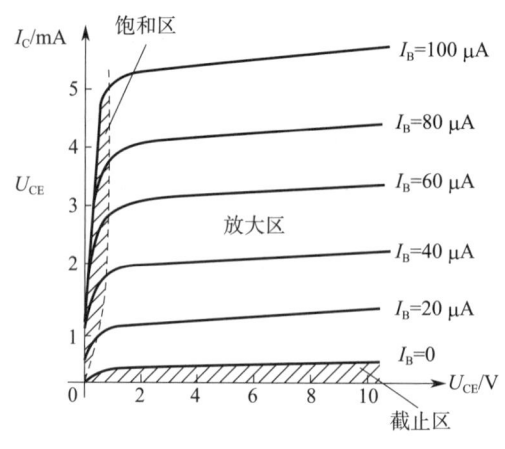

图 3-17 某三极管的输出特性曲线

大而增大,其大小只受 I_B 的控制,$I_C = \bar{\beta} I_B$,$\Delta I_C = \beta \Delta I_B$。此时,发射结正偏,集电结反偏。

3)截止区。此区域是 I_C 接近零的区域,位于 $I_B = 0$ 的输出特性曲线的下方。在此区域,发射结反偏,集电结反偏,三极管处于截止状态。

6. 三极管的主要参数

(1)极间反向饱和电流

1)集电极-基极间反向饱和电流(I_{CBO})。I_{CBO} 是指当发射极开路,在集电极与基极之间施加反向电压时产生的电流,也就是集电结的反向饱和电流。

2)集电极-发射极间反向饱和电流(I_{CEO}),也称穿透电流。I_{CEO} 是当基极开路,在集电极与发射极间施加反向电压时的集电极电流。

三极管的极间反向饱和电流是在对三极管施加反向电压时,少数载流子(简称少子)的漂移运动形成的电流,因此电流很小。由于少子的数量受温度影响很大,因此极间反向饱和电流受温度影响很大,通常作为衡量三极管性能的一个重要指标。一般硅三极管的极间反向饱和电流比锗三极管小。

(2)极限参数

1)集电极最大允许耗散功率(P_{CM})。I_C 与 U_{CE} 的乘积称为集电极耗散功率(P_C),即工作时,三极管的 P_C 必须小于 P_{CM}。

2)反向击穿电压。反向击穿电压是极间允许施加的最高反向电压,分为以下3种。

①发射极开路时,集电极-基极间的反向击穿电压($U_{(BR)CBO}$)。

②集电极开路时,发射极-基极间的反向击穿电压($U_{(BR)EBO}$)。

③基极开路时,集电极-发射极间的反向击穿电压($U_{(BR)CEO}$)。

3)集电极最大允许电流(I_{CM})。使用时,若$I_C > I_{CM}$,三极管的$\bar{\beta}$值就会显著下降,影响其正常工作。

二、三极管的识别

常见三极管如图 3-18 至图 3-21 所示。

图 3-18　小功率三极管

图 3-19　中功率三极管

图 3-20　大功率三极管

图 3-21　表面安装三极管

三、三极管的检测

1. 三极管电极的判别

(1)机械调零。先对指针式万用表进行机械调零。

(2)选择量程并进行欧姆调零。将转换开关旋至"×1k"或"×100"挡并进行欧姆调零。

(3)确定基极及管型。分别测量三极管引脚之间的电阻,一共测量 6 次。其中两次测得的电阻小,其余 4 次测得的电阻大。测得电阻小的两次测量使用的公共引脚为基极,若与基极相接的是万用表的黑表笔,则三极管为 NPN 型三极管,否则为 PNP

型三极管。

（4）确定集电极和发射极。对于 NPN 型三极管，如图 3-22 所示，假设剩下的两个引脚中引脚 1 为集电极、引脚 2 为发射极，手指同时接触三极管的基极和假设的集电极，将万用表黑表笔连接假设的集电极，红表笔连接假设的发射极，测得一个电阻；然后假设引脚 1 为发射极、引脚 2 为集电极，用黑表笔连接假设的集电极，红表笔连接假设的发射极，再次测量测得另一个电阻。比较两次测得电阻的大

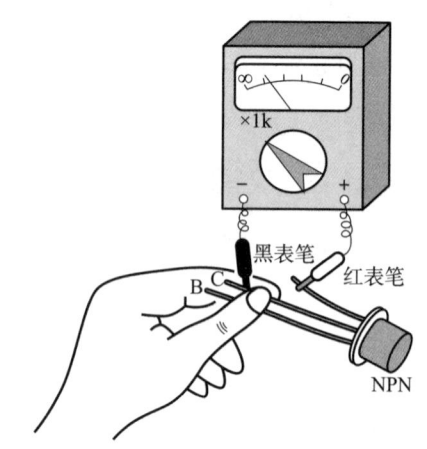

图 3-22　确定 NPN 型三极管的集电极和发射极

小，电阻小的那次假设正确。对于 PNP 型三极管，用红表笔连接假设的集电极，用黑表笔连接假设的发射极，其他步骤和 NPN 型三极管的检测一样。

2. 三极管完好性的检测

（1）检测三极管发射结、集电结的正、反向电阻，判断三极管是否完好。检测发射结正、反向电阻时万用表的红、黑表笔分别接触基极和发射极，检测集电结正、反向电阻时红、黑表笔分别接触基极和集电极。检测的具体方法和二极管正、反向电阻的检测方法相同。

（2）根据三极管的穿透电流大小判断三极管性能。通过用万用表测量三极管集电极和发射极间的电阻可粗略判断其穿透电流大小，该电阻越大，三极管的穿透电流越小，性能越好。对于 NPN 型三极管，黑表笔接集电极，红表笔接发射极，PNP 型三极管则相反。

技能要求

半导体三极管的识别与检测

一、操作准备

准备指针式万用表 1 个，型号为 9012、9015、9013、9014、8550 的三极管若干。

二、操作步骤

步骤 1　用指针式万用表检测三极管引脚间电阻，确定各三极管的基极和管型，

并根据发射结和集电结正、反向电阻判断三极管质量情况。将测量结果填入表 3-2 中。

表 3-2　　　　　　　　　三极管引脚间电阻、管型及质量情况

序号	三极管标号	电阻1	电阻2	电阻3	电阻4	电阻5	电阻6	管型	质量情况
1									
2									
3									
4									
5									
6									
7									
8									
9									
……									

步骤 2　判定各三极管的集电极和发射极，将过程中测得的电阻填入表 3-3 中。

表 3-3　　　　　　判定三极管集电极和发射集过程中测得的电阻

序号	三极管标号	电阻1	电阻2
1			
2			
3			
4			
5			
6			
7			
8			
9			
……			

步骤 3　粗略判断三极管的穿透电流大小。

测试题

一、判断题（将判断结果填入括号中，正确的画"√"，错误的画"×"）

1. 三极管可作为开关使用。（　　）
2. 三极管具有放大电流的作用，其外部条件是发射结正偏，集电结反偏。（　　）
3. 三极管具有放大电压的作用。（　　）
4. 两个二极管背靠背可以做成一个三极管。（　　）
5. 三极管是用基极控制集电极。（　　）

二、单项选择题（选择一个正确的答案，将相应的字母填入题内的括号中）

1. 测得工作在放大状态的某三极管 $I_B = 30\ \mu A$ 时 $I_C = 2.4\ mA$，$I_B = 40\ \mu A$ 时 $I_C = 3\ mA$，则该三极管的交流电流放大倍数为（　　）。
   A. 80　　　　B. 60　　　　C. 75　　　　D. 100

2. 某三极管的发射极电流为 1 mA，基极电流为 20 μA，则其集电极电流为（　　）mA。
   A. 0.98　　　B. 1.02　　　C. 0.8　　　　D. 1.2

3. NPN 管和 PNP 管的不同是（　　）。
   A. 掺杂浓度不同　　　　　　B. 制作材料不同
   C. 导电粒子不同　　　　　　D. 外形不同

4. 在放大电路中，三极管的工作状态为（　　）状态。
   A. 饱和　　　B. 截止　　　C. 放大　　　D. 临界饱和

5. 作为开关使用时，三极管的工作状态为（　　）。
   A. 放大状态　　　　　　　　B. 饱和状态
   C. 截止状态　　　　　　　　D. 饱和状态和截止状态

测试题参考答案

一、判断题

1. √　　2. √　　3. ×　　4. ×　　5. ×

二、单项选择题

1. B　　2. A　　3. C　　4. C　　5. D

学习单元 3

常用集成电路的识别与检测

知识要求

集成电路（integrated circuit，简称 IC）是一种微型电子器件或部件，是采用一定的工艺，把一个电路中所需的晶体管、电阻器、电容器、电感器等元件及导线连接，制作在一小块或几小块半导体晶片或介质基片上，然后封装在一个管壳内，形成的具有所需电路功能的微型结构。集成电路具有体积小、耗电低、稳定性高等优点。

一、常见集成电路

1. 三端集成稳压器

三端集成稳压器是将串联稳压电源和保护电路集成在一起构成的集成电路，一般有 3 个引脚，分别是输入端、输出端和公共端，如图 3-23 所示。三端集成稳压器有固定输出和可调输出两种。常见的固定输出三端集成稳压器有正电压输出的 78 系列和负电压输出的 79 系列，如 W7805 三端集成稳压器输出 +5 V 的直流电压，W7905 三端集成稳压器输出 −5 V 的直流电压。

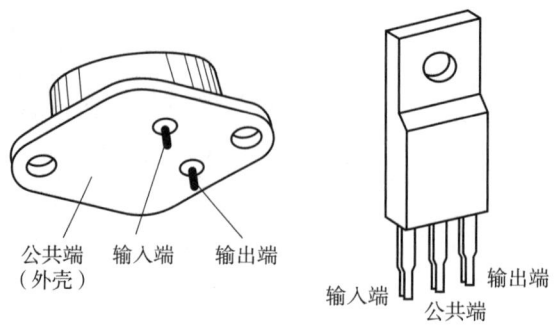

图 3-23　三端集成稳压器

2. 集成运算放大器

集成运算放大器简称集成运放,是具有高放大倍数的直接耦合放大电路,其外观和图形符号如图 3-24 所示。

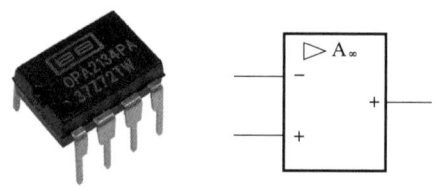

图 3-24　集成运放的外观及图形符号

A_∞—开环差模电压放大倍数

3. 555 时基集成电路

555 时基集成电路是一种能够产生时间延迟和多种脉冲信号的集成电路,因其内部集成了 3 个 5 kΩ 的电阻而得名。555 时基集成电路引脚分布如图 3-25 所示。

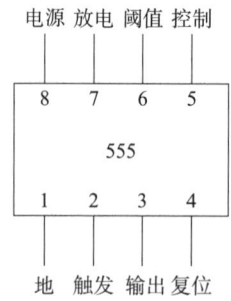

图 3-25　555 时基集成电路引脚分布图

二、集成电路的引脚识别

集成电路的封装形式有单列直插式、双列直插式、表面安装式等,如图 3-26 所示。

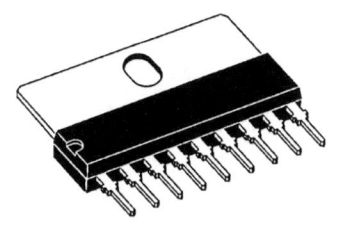
单列直插式

双列直插式

表面安装式

图 3-26 集成电路封装形式

识别单列直插集成电路的引脚时,将引脚朝下,面朝外壳上的型号或者定位标记(凹坑、缺角、色点、色带等),自定位标记一侧的第一个引脚开始计数,依次为 1 号脚、2 号脚、3 号脚……。

识别双列直插集成电路和表面安装集成电路的引脚时,将引脚朝下,外壳上的字母或者代号朝着自己正放,从定位标记左边第一个引脚开始,逆时针计数,依次为 1 号脚、2 号脚、3 号脚……。

三、集成电路的检测

集成电路的常用检测方法有非在线测量法、在线测量法、代换法等。

非在线测量法是指在集成电路未焊接入电路前,通过测量各引脚间的直流电阻,与已知正常的同型号集成电路各引脚间直流电阻比较,来判断其是否正常的方法。

在线测量法是指在集成电路已焊接入电路后,通过测量集成电路各引脚的电压、电流是否正常,来判断其是否正常的方法。

代换法是用已知正常的集成电路替换待检测集成电路,来判断待检测集成电路是否正常的方法。

技能要求

集成电路的识别

一、操作准备

准备万用表1个、NE555时基集成电路若干。

二、操作步骤

步骤1 观察NE555时基集成电路的外观。

步骤2 画出NE555时基集成电路的引脚分布图。

步骤3 测量NE555时基集成电路各引脚间电阻并记录下来。

测试题

一、判断题（将判断结果填入括号中，正确的画"√"，错误的画"×"）

1. 常见三端集成稳压器有固定输出和可调输出两种。（ ）

2. 面对集成电路时，双列直插集成电路的1号脚在左下方。（ ）

二、单项选择题（选择一个正确的答案，将相应的字母填入题内的括号中）

1. W7805输出电压为（   ）V。

A. +5　　　　　　B. +12　　　　　　C. -12　　　　　　D. -5

2. W7905输出电压为（   ）V。

A. +5　　　　　　B. +12　　　　　　C. -5　　　　　　D. -12

测试题参考答案

一、判断题

1. √　　2. ×

二、单项选择题

1. A　　2. C

培训任务 4

电子元器件的组装

电子元器件的组装可分为直插元器件的组装和表面安装元器件的组装。直插元器件组装采用通孔安装技术（through-hole technology，简称 THT），表面安装元器件组装采用表面安装技术（surface mount technology，简称 SMT）。

学习单元 1

通孔安装技术

知识要求

通孔安装技术是用手工插件方式或用自动插件设备将电子元器件的引脚插入印制电路板（printed circuit board，简称 PCB）上已有的安装孔中，并进行焊接的电子元器件组装方式。焊接也有手工焊接和自动焊接两种方式。

一、直插元器件的引脚整形

安装直插元器件前，为了便于插装，要先将其引脚整理成合适的形状，即进行引脚整形。引脚整形后的直插元器件如图 4-1 所示。直插元器件通孔安装方式通常有卧式安装（又称水平安装）和立式安装（又称垂直安装）两种，如图 4-2 所示。直插元器件引脚整形的标准如图 4-3 所示。

电子器件装配

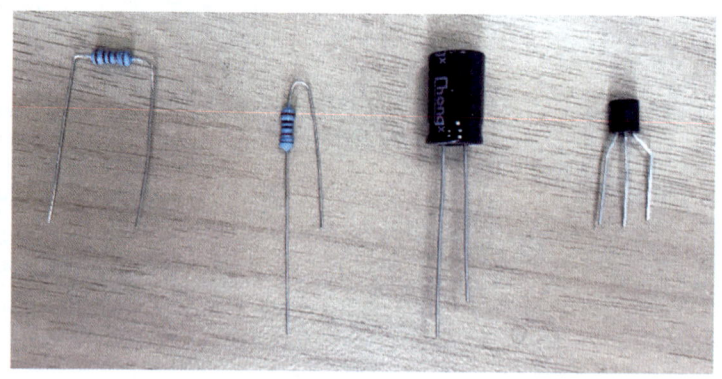

图 4-1　引脚整形后的直插元器件

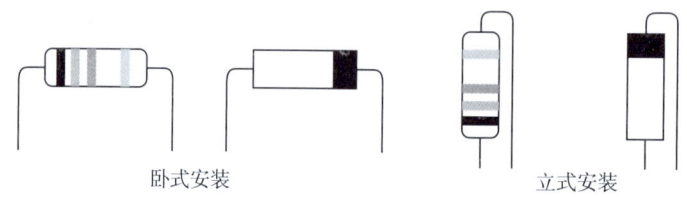

图 4-2　直插元器件通孔安装方式

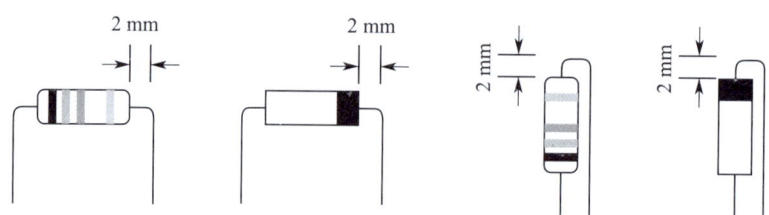

图 4-3　直插元器件引脚整形的标准

二、手工插件

1. 插件前的准备

直插元器件插件前的准备是确保插件过程顺利进行和保证产品质量的重要环节。

（1）物料准备与核对

1）领取物料。根据物料清单（bill of materials，简称 BOM）领取所需的直插元器件。这一步骤需要确保领取的物料的型号、规格与 BOM 完全一致。

2）核对物料。对领取的物料进行仔细核对，检查其型号、规格、数量是否正确，以及是否有损坏或不合格的情况。

（2）直插元器件预处理

1）清洁引脚。在插件之前，应确保直插元器件的引脚干净、无氧化层。如果引脚表面有氧化层,可用细砂布或蘸有酒精的软布擦拭,以便焊接时容易上锡。

2)引脚整形。根据 PCB 上的焊盘位置和直插元器件的安装要求,对引脚进行整形,确保直插元器件能够稳固地插入 PCB,且符合设计要求。

(3)采取防静电措施。由于静电可能对直插元器件和 PCB 造成损害,因此在插件前必须佩戴防静电手环,如图 4-4 所示。防静电手环有助于将人体产生的静电导入地面,从而保护直插元器件和 PCB 不受静电损伤。

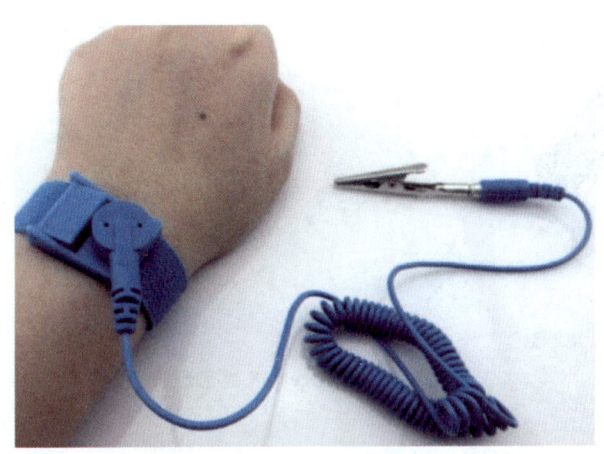

图 4-4 佩戴防静电手环

(4)工具准备。根据插件需求准备相应的插件工具,如镊子、剥线钳、螺丝刀等。这些工具需要保持干净,并符合质量要求。

(5)技术准备

1)熟悉产品装配图。插件人员需要熟悉产品的装配图和插件要求,了解每个直插元器件的插装位置、方向、高度等。

2)进行技术培训。如插件人员是新员工或产品为新产品,需要对插件人员进行技术培训,使插件人员掌握插件技巧、注意事项和常见问题解决方法。

(6)环境准备

1)保持工作区域整洁。需要保持插件工作区域整洁、有序,避免杂物和灰尘对插件过程造成干扰。

2)控制温湿度。根据直插元器件和 PCB 对温湿度的要求,控制工作区域的温湿度,以确保插件过程顺利进行和产品质量的稳定性。

2. 插装要求

(1)极性与方向

1)极性识别。对于有极性的直插元器件(如电解电容、二极管等,如图 4-5 所示），必须确保极性安装正确，不能装反。一般在安装时，会用有颜色的套管加以标记。

2）方向要求。安装时，直插元器件的标记方向应与装配图规定保持一致，安装后应能看清直插元器件上的标记。若装配图上没有指明方向，则应使标记向外以易于辨认，并可按从左到右、从下到上的顺序读出。安装时有方向要求的集成电路如图4-6所示。

电解电容　　　　　　　　　　　　二极管

图4-5　有极性的直插元器件

图4-6　安装时有方向要求的集成电路

（2）安装位置与间距

1）安装位置。直插元器件应按照装配图规定的位置进行安装，确保每个直插元器件都装在正确的位置上。

2）安装间距。直插元器件之间应保持一定的间距，防止相互干扰和短路。一般来说，直插分立元器件之间的安装间距要大于0.5 mm，集成电路与直插分立元器件之间的距离应大于2 mm，引脚焊盘距PCB边缘的距离要大于或等于2 mm。

（3）安装方式。根据直插元器件的特性和实际安装需求，可采用立式安装或卧式安装。直插元器件的安装方式示例如图4-7所示。对于采用两种安装方式皆可的直插元器件，当工作频率不高时，两种安装方式都可以采用；当工作频率较高时，宜采用卧式安装，并且引脚应尽可能剪短一些，以防产生高频寄生电容影响电路。

图 4-7　直插元器件的安装方式示例

（4）美观与稳固

1）美观性。直插元器件的安装应整齐、美观、排列有序，不允许斜排、立体交叉和重叠排列。

2）稳固性。直插元器件应插装到位，不可有明显的倾斜和变形现象。对于需要绑扎、粘固的直插元器件，应采取相应的措施进行固定。对于较大、较重的直插元器件，除焊接在 PCB 上外，最好再用支架固定，以确保其稳固性和可靠性。

（5）其他注意事项

1）避免触碰。在安装过程中，不可以用手直接触碰直插元器件的引脚或 PCB 上的铜箔，避免人体静电损坏直插元器件或汗渍导致 PCB 氧化等情况。

2）绝缘处理。需要保留较长的引脚时，必须给引脚套上绝缘导管，以防引脚相互碰触造成短路。

3. 不良插件

（1）错插漏插。错插是指插入 PCB 的直插元器件规格、型号、标称值、极性等与工艺文件不符。漏插是指根据工艺文件要求应插入 PCB 的直插元器件未插入。

（2）歪斜不正。歪斜不正是指直插元器件的歪斜度超过了可接受范围，如图 4-8 所示。

（3）插入过深或浮起。插入过深会使直插元器件根部漆膜穿过 PCB，造成虚焊。浮起是指引脚未穿过安装孔，造成假焊导致直插元器件脱落。

图 4-8　直插元器件歪斜不正

三、自动插件

自动插件是使用自动插件机将直插元器件自动、准确、高效地插装在 PCB 的安装孔内。

1. 自动插件机的基本构成

自动插件机一般由机械系统、控制系统、传感器系统、视觉系统等部分组成，如图 4-9 所示。

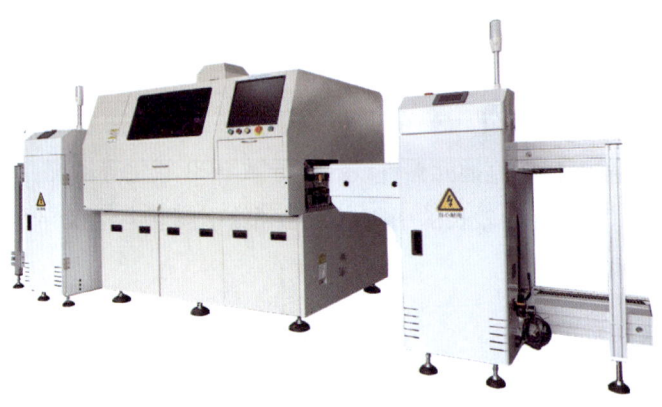

图 4-9　自动插件机

（1）机械系统。机械系统包括直线轨道、伺服电机、气动夹具等部件，用于实现直插元器件的定位和抓取。

（2）控制系统。控制系统负责控制机械系统的运动，实现精确定位和抓取。

（3）传感器系统。传感器系统用于检测直插元器件的位置和姿态，保证插装的准确性和精度。

（4）视觉系统。视觉系统通过摄像头获取直插元器件和PCB的图像，并通过图像处理技术识别直插元器件的位置和姿态，进一步提高插装的准确性。

2. 自动插件机的工作原理

自动插件机依据预设程序将直插元器件从储料仓中取出，对直插元器件进行定位和姿态检测后，将其插入PCB的对应位置。自动插件机的运动路径和速度可以通过编程进行调整，以适应不同类型和尺寸的直插元器件和PCB。

3. 自动插件机的优势

自动插件机可提高生产效率，降低人力成本，同时还能够保证插装精度，降低废品率。

4. 自动插件的工艺要求

（1）插件前准备

1）直插元器件检查。在插件前，必须对直插元器件进行严格检查，确保其无油渍、油漆等污渍，引脚无氧化层，并确认直插元器件的型号、规格和极性等符合设计要求。

2）PCB检查。检查PCB是否干净、无损伤，并确认焊盘、安装孔等位置准确无误。

3）插件设备检查。检查自动插件机运转是否正常，并进行必要的维护和调整。

4）采取防静电措施。电子元器件对静电敏感，因此在插件前需要采取防静电措施，如佩戴防静电手环、使用防静电工作台等。

5）环境准备。插件需要在洁净的环境中进行，以避免灰尘等杂质对直插元器件和PCB造成污染。

（2）插件过程控制

1）插件精度控制。使用自动插件机插件需要确保直插元器件插入PCB的位置精度和角度精度。插件精度控制通常通过高精度的机械系统和控制系统来实现。

2）插件力度控制。自动插件机插件力度需要适中，既要确保直插元器件与PCB紧密贴合，又要避免力度过大导致直插元器件或PCB损坏。

3）插件方向控制。对于有方向性的直插元器件，必须按照正确的方向进行插件，以避免电路故障。

插件过程控制的具体操作应结合设备说明书进行，不同设备的设置有所区别。

（3）插件后处理

1）焊接准备。插件完成后，通常需要进行焊接前的准备工作，如涂覆助焊剂等。

2）焊接。焊接是插件工艺的关键环节，为了确保焊接质量，应根据直插元器件和PCB的要求对焊接温度、焊接时间、焊接位置等参数进行调整。

3）剪脚和整形。对于引脚过长的直插元器件，需要进行剪脚和整形处理，以确保引脚长度符合设计要求，避免引脚间短路。

（4）质量控制。插件完成后需要进行质量检查，包括外观检查、功能测试等，以确保插件质量符合设计要求。

5. 自动插件技术的发展趋势

随着科技的进步和行业的发展，自动插件技术也在不断创新和完善。未来，自动插件技术将朝着智能化、高精度、高效率、多功能化的方向发展。

四、焊接

1. 手工焊接

随着科技的发展，自动焊接已经成为现代电子元器件装配的主要焊接方式。但是手工焊接作为自动焊接不可缺少的辅助手段，仍然扮演着重要角色。手工焊接常用的工具有电烙铁、恒温焊台等，常用的材料包括焊料（锡丝等）和助焊剂。手工焊接通常采用五步法，如图4-10所示。

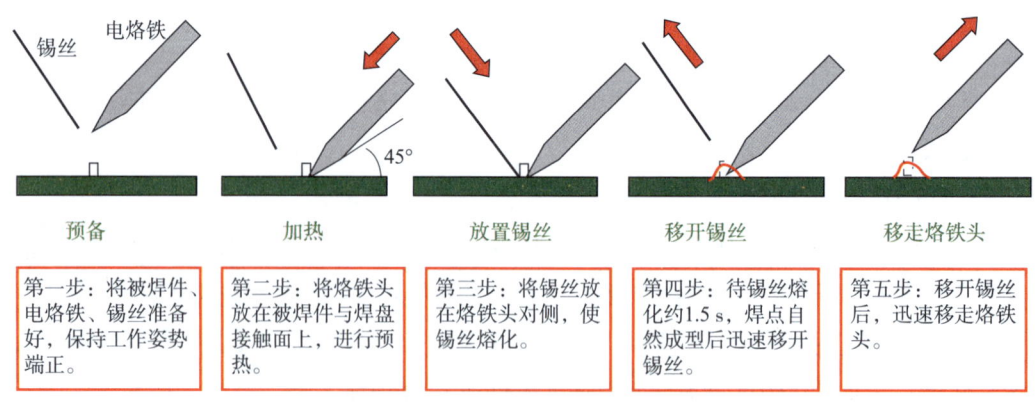

图4-10 手工焊接的五步法

2. 波峰焊

波峰焊被广泛应用于各种电子产品的制造过程中，包括消费电子产品、通信设备、计算机、汽车电子等。波峰焊机如图 4-11 所示。

图 4-11　波峰焊机

（1）概念与原理。波峰焊是指利用电动泵或电磁泵将熔化的软钎焊焊料喷流成设计要求的波浪状，将预先装有直插元器件的 PCB 送入焊料波峰，使直插元器件引脚与 PCB 上的焊盘之间实现牢固的机械连接与电气连接的焊接方法。

波峰焊的基本原理是利用泵压使熔融的液态焊料形成特定形状的焊料波。当插装了直插元器件的 PCB 以一定角度通过焊料波峰时，焊料波峰与引脚焊区接触，从而形成焊点。

（2）工作过程。波峰焊的工作过程主要包括预热、焊接、冷却等步骤。

1）预热。在焊接前，需要对 PCB 进行预热，以去除板上的湿气，同时使焊料和 PCB 达到热平衡，减少焊接过程中的热应力。

2）焊接。预热后的 PCB 进入波峰焊机后，焊料波对 PCB 焊接面进行加热，同时润湿并填充焊区，形成焊点。这一过程中，焊料处于流动状态，使 PCB 的焊接面能充分与焊料接触。

3）冷却。焊接完成后，PCB 进入冷却区进行冷却，使焊点凝固，完成焊接过程。

（3）主要特点。波峰焊具有高效、精确、导热性好、制作工艺简单、辅料消耗少等优点。

波峰焊在具有以上优点的同时也有一定的局限性。例如，波峰焊更适用于焊接较大的焊点，对于小型电子元器件、对温度敏感的电子元器件、密集的电路板则可能不太适用。

（4）发展趋势。随着电子产品向小型化和高密度化发展，波峰焊技术也在不断创新和发展。未来，波峰焊机的自动化程度将不断提高，将通过更加精准地控制焊接温度、焊接时间、焊料流量等参数来提高焊接质量。此外，随着人们环保意识的加强，波峰焊机的焊接材料也将不断得到创新和改良，采用无铅焊料等环保材料将成为趋势。

技能要求

直插元器件的插装和焊接

一、操作准备

准备 PCB 1 块、直插元器件若干、电烙铁 1 把、指针式万用表 1 个、焊料和助焊剂等。

二、操作步骤

步骤 1　清洁直插元器件引脚。
步骤 2　对各直插元器件进行引脚整形处理。
步骤 3　进行插件。
步骤 4　对插装好的直插元器件进行手工焊接。

测试题

一、判断题（将判断结果填入括号中，正确的画"√"，错误的画"×"）

1. THT 是通孔安装技术，是将直插元器件插装到 PCB 的安装孔内，在 PCB 另一面进行焊接的装配方式。　　　　　　　　　　　　　　　　　　　　　（　　）
2. 电子元器件安装经历了从表面安装到通孔安装的发展。　　　　　　　（　　）
3. 进行直插元器件安装时，要做好防静电措施。　　　　　　　　　　　（　　）
4. 自动插件不需要对直插元器件进行预处理。　　　　　　　　　　　　（　　）
5. 直插元器件的预处理包括直插元器件的清洁和引脚整形处理。　　　　（　　）

二、单项选择题（选择一个正确的答案，将相应的字母填入题内的括号中）

1. 直插分立元器件之间的安装间距要大于（　　）mm。
   A. 0.3　　　　　　B. 0.4　　　　　　C. 0.5　　　　　　D. 0.6
2. 直插分立元器件引脚焊盘距 PCB 边缘的距离要大于或等于（　　）mm。
   A. 1　　　　　　　B. 2　　　　　　　C. 3　　　　　　　D. 4
3. 波峰焊的工作过程主要包括预热、（　　）、冷却等步骤。
   A. 清洁　　　　　　B. 整形　　　　　　C. 焊接　　　　　　D. 准备

4. 直插元器件的自动焊接使用（　　）。
A. 波峰焊　　　　B. 回流焊　　　　C. 手工焊接　　　　D. 激光焊接
5. 直插元器件插装时插入过深会使直插元器件根部漆膜穿过PCB，造成（　　）。
A. 假焊　　　　B. 错焊　　　　C. 漏焊　　　　D. 虚焊

测试题参考答案

一、判断题

1. √　　2. ×　　3. √　　4. ×　　5. √

二、单项选择题

1. C　　2. B　　3. C　　4. A　　5. D

学习单元 2

表面安装技术

知识要求

表面安装元器件（surface mount device，简称 SMD）是一种加工精度高、体积小、重量轻、可靠性高的电子元器件，通过表面安装技术安装在 PCB 上，广泛应用于电子产品中。图 4–12 是一些常见的表面安装元器件。

图 4–12　常见的表面安装元器件

表面安装技术是一种电子装联技术，起源于 20 世纪 60 年代，并在 20 世纪 80 年代后期渐趋成熟。该技术的主要特点是将电子元器件，如电阻器、电容器、晶体管、集成电路等，直接安装到 PCB 上，并通过焊接形成电气连接。

一、手工贴装和自动贴装

表面安装元器件的安装分为手工贴装和自动贴装两种方式。

1. 手工贴装

手工贴装适用于样机或需要紧急处理的少量 SMD 的安装。具体操作流程如下。

（1）拆开 SMD 的包装，放在工作台上。
（2）用镊子夹起 SMD，确认 SMD 的安装方向。
（3）将 SMD 搭放在焊接点位焊盘上，并进行手工焊接。

2. 自动贴装

自动贴装是工厂化生产主要采用的 SMD 安装方式。自动贴装生产线具有高效、准确、自动化的特点，是现代电子产品生产必不可少的工具。贴装流程如下。

（1）根据 BOM 准备好所需的 SMD、PCB、焊膏等物料，编好贴装程序，检查并启动设备。
（2）根据 SMD 的规格及类型选择合适的供料器并做好调试，以确保能够顺利将 SMD 供给到贴装位置；将 PCB 放置在贴装机的定位夹具上并进行基准调校。
（3）进行试贴，检验贴装程序的准确性，并根据试贴结果调整贴装程序。
（4）正式贴装。先进行焊膏印刷，然后贴装 SMD，最后进行贴装质量检测。

二、焊接

1. 手工焊接

手工焊接常用的工具有电烙铁、热风枪、镊子、放大镜等，常用材料有锡丝、助焊剂等。

搭配使用电烙铁和锡丝，对搭放在焊盘上的 SMD 进行焊接，如图 4-13 所示。注意控制电烙铁的温度，避免电烙铁过热损坏 SMD。

图 4-13　手工焊接 SMD

2. 回流焊

SMD 的自动焊接通常采用回流焊技术。回流焊是指通过加温使焊膏熔化，将一个或多个 SMD 牢固地连接到 PCB 的焊盘上的过程。回流焊是表面安装技术最常用的焊接方法。回流焊所用设备回流焊机如图 4-14 所示。

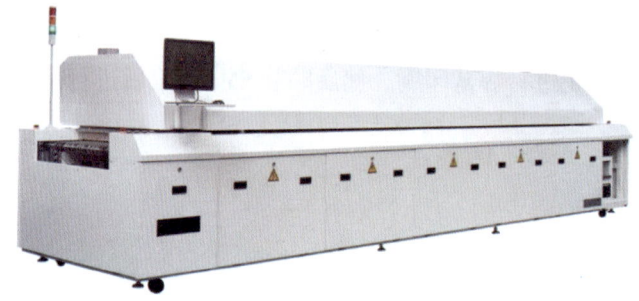

图 4-14　回流焊机

（1）基本原理。回流焊的基本原理是利用加热系统将焊接区域加热至可使焊膏熔化的温度，利用熔化的焊膏使 SMD 和 PCB 之间形成可靠的电气连接。回流焊通常包括预热、熔化、回流和冷却 4 个阶段。

1）预热。将 PCB 缓慢加热至可使焊膏熔化的温度，以避免热应力损伤 SMD。

2）熔化。焊膏受热形成熔融态的焊料。

3）回流。熔融态的焊料流动并与 SMD 和 PCB 的焊盘接触，形成电气连接。

4）冷却。降低温度使焊料凝固，完成焊接过程。

（2）工艺流程。回流焊的工艺流程根据具体需求可分为单面贴装工艺流程和双面贴装工艺流程两种。

1）单面贴装工艺流程。单面贴装工艺流程一般包括预涂焊膏、贴装（手工贴装或自动贴装）、回流焊、检查及电测试等。

2）双面贴装工艺流程。双面贴装工艺流程一般包括 A 面预涂焊膏、贴装（手工贴装或自动贴装）、回流焊，B 面预涂焊膏、贴装（手工贴装或自动贴装）、回流焊，检查及电测试等。

（3）优缺点。回流焊具有能够提高生产效率、温度易于控制、焊接质量高等优点。但回流焊设备成本高、对操作人员要求高。

三、表面安装技术的特点

1. 无须钻孔

与通孔安装技术不同，表面安装技术不需要在 PCB 上为电子元器件的引脚预留对应的安装孔，从而简化了制造流程，提高了生产效率。

2. 电子元器件尺寸小

表面安装元器件尺寸远小于直插元器件，这使得组装成的电子产品的体积较小、重量较轻。

3. 自动化程度高

表面安装技术生产线高度自动化，从 SMD 的贴装、焊接到检测，都可以实现自动化操作，大大提高了生产效率和产品质量。

4. 成本较低

较小的 SMD 的成本通常低于较大的同类直插元器件，且自动化生产可以降低人力成本。

5. 设计灵活性强

在同一块 PCB 上结合使用通孔安装技术和表面安装技术，可以实现更复杂的电路设计。

6. 电磁兼容性更好

较小的电子元器件使得采用表面安装技术组装的产品具有更好的电磁兼容性。

7. 可靠性高

采用表面安装技术能够使产品的稳固性更好，特别是当产品应用于震动或摇晃的环境中时，产品能够有较高的可靠性。

四、表面安装技术的工艺要求

1. SMD 引脚布局方向应正确。
2. 焊点应光滑圆润、有明显边界。
3. 焊点无空缺，直径、体积、灰度和对比度相同。
4. 无焊盘偏移或偏转，无焊锡球。

技能要求

表面安装元器件的安装

一、操作准备

准备表面安装元器件焊接练习板（单面）1 块（见图 4-15）、表面安装元器件若干、热风枪 1 台、电烙铁 1 把、万用表 1 个、镊子 1 个、焊料、助焊剂等。

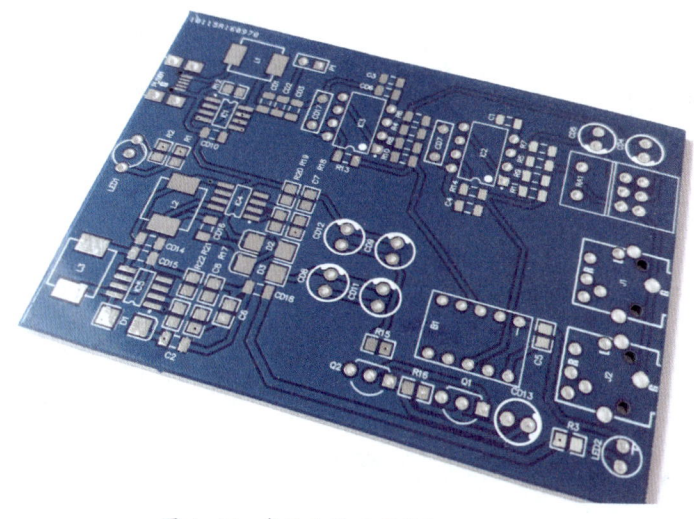

图 4-15　表面安装元器件焊接练习板

二、操作步骤

步骤 1 清理表面安装元器件。

步骤 2 在焊盘上涂上适量的助焊剂。

步骤 3 用镊子夹起表面安装元器件搭放在焊盘上，进行焊接。先焊接一个引脚，然后再焊接其他引脚。

步骤 4 焊接完成后，用万用表检测电路，判断焊接质量是否合格。

测试题

一、判断题（将判断结果填入括号中，正确的画"√"，错误的画"×"）

1. 自动贴装比手工贴装效率高。（   ）
2. 自动贴装设备需要提前编制好程序。（   ）
3. 能够自动贴装的就不选择手工贴装。（   ）
4. 表面安装元器件安装前不需要清理。（   ）
5. 表面安装元器件的自动焊接通常采用回流焊技术。（   ）

二、单项选择题（选择一个正确的答案，将相应的字母填入题内的括号中）

1. 表面安装技术的英文缩写是（   ）。

   A. SMD　　　B. SMC　　　C. SMB　　　D. SMT

2. 以下不适合采用表面安装技术安装的电子元器件是（   ）。

   A. 表面安装电阻器　　　B. 表面安装电容器
   C. 变压器　　　D. 表面安装三极管

3. （   ）不适合用于表面安装。

   A. 热风枪　　　B. 尖头电烙铁　　　C. 尖嘴钳　　　D. 镊子

4. （   ）是回流焊工艺流程的第一步。

   A. 预涂焊膏　　　B. 贴片　　　C. 回流焊　　　D. 检查

测试题参考答案

一、判断题

1. √　　2. √　　3. √　　4. ×　　5. √

二、单项选择题

1. D　　2. C　　3. C　　4. A

培训任务 5

电子产品的组装调试

学习单元 1

摇摆风铃的组装调试

知识要求

一、摇摆风铃的电路组成

摇摆风铃电路主要由电源电路、多谐振荡器电路和发光二极管电路组成。

1. 电源电路

摇摆风铃由 USB（通用串行总线）接口电源 P1 供电，由开关 S1 控制电源的通断。

2. 多谐振荡器电路

摇摆风铃的工作由三极管 VT1、VT2，电解电容 C1、C2 和电阻器 R1、R2 构成的多谐振荡器控制。多谐振荡器电路如图 5-1 所示。图中网络标号 L00 和 L01 之间、L10 和 L11 之间安装构成摇摆风铃的发光二极管组。从图中可以看出，电路左右两侧基本对称，但是电子元器件参数做不到完全一致。

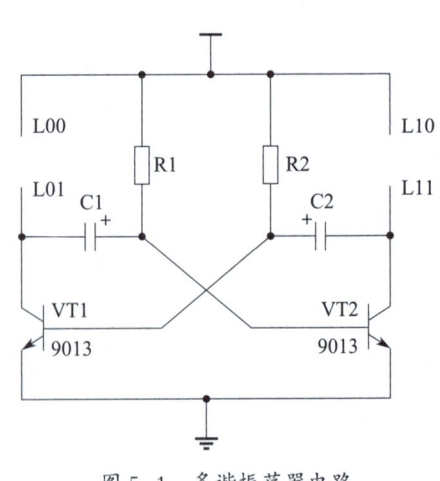

图 5-1 多谐振荡器电路

3. 发光二极管电路

发光二极管电路分为4部分，第一部分是两个风铃电路的公共部分发光二极管组，包括卧式电阻器 R23～R29、发绿光的发光二极管 V63～V65 和发蓝光的发光二极管 V66～V83，这部分发光二极管是常亮的，如图 5-2 所示。第二部分是左边风铃对应的发蓝光的发光二极管 V1～V27、卧式电阻器 R3～R11，连接在 VT1 的集电极（网络标号 L01）和电源（网络标号 L00）之间，VT1 饱和导通时亮，如图 5-3 所示。第三部分是右边风铃对应的发蓝光的发光二极管 V28～V54、卧式电阻器 R12～R20，连接在 VT2 的集电极（网络标号 L11）和电源（网络标号 L10）之间，VT2 饱和导通时亮，如图 5-4 所示。第四部分是分别连接在 VT1 的集电极和电源之间、VT2 的集电极和电源之间的发红光的发光二极管 V55～V62、卧式电阻器 R21 和 R22，如图 5-5 所示。

二、摇摆风铃的工作原理

闭合 S1 后，电路电源接通，VT1 和 VT2 的基极均处于正向偏置状态，通过 R2、R1 连接到电源，承受正向电压，C1、C2 充电。C1、C2 在电路中起到将 VT1、VT2 的集电极与对方的基极耦合连接的作用。随着电路的稳定，由于 VT1、VT2 个体特性参数的差异，其中一个会优先进入饱和导通的状态。假设 VT1 优先饱和导通，其管压降会迅速降低至很低，VT1 的集电极和发射极之间近似短路。此时，C1 开始放电，VT1 的集电极电压降至很低，这一电压变化通过与之连接的 C1 影响 VT2 基极的电位，VT2 基极电位随之变低，从而导致 VT2 处于截止状态，其集电极和发射极之间近似断开，其集电极的电位迅速升高。由于电容器两端的电压不能突变，因此 VT1 的基极电位不能同步升高，VT1 的发射结承受一个反向电压，这就导致 VT1 由饱和导通状态变为截止状态，集电极和发射极之间近似断开，而其集电极的电压会随着 C1 的再次充电而逐渐升高，并带动 VT2 的基极电位升高。VT2 逐步转为饱和导通状态，其集电极和发射极间近似短路，其集电极电压下降，C2 放电，这样 VT2 的集电极电压就很低，通过与之连接的 C2 影响到 VT1 基极的电位，VT1 基极电位随之变低，从而导致 VT1 截止。这样形成了多谐振荡器电路的一个振荡周期。不断循环往复，形成了自激振荡。

VT1 处于饱和导通状态时，VT2 处于截止状态，连接在 L00 和 L01 之间的发光二极管（风铃左侧）发光，连接在 L10 和 L11 之间的发光二极管（风铃右侧）不发光；同理，VT2 处于饱和导通状态时，VT1 处于截止状态，连接在 L10 和 L11 之间的发光二极管（风铃右侧）发光，连接在 L00 和 L01 之间的发光二极管（风铃左侧）不发光。多谐振荡器电路的工作周而复始地循环，风铃两侧发光二极管交替发光，从而看起来像是在 PCB 上放置了一个左右摇摆的风铃。

电子器件装配

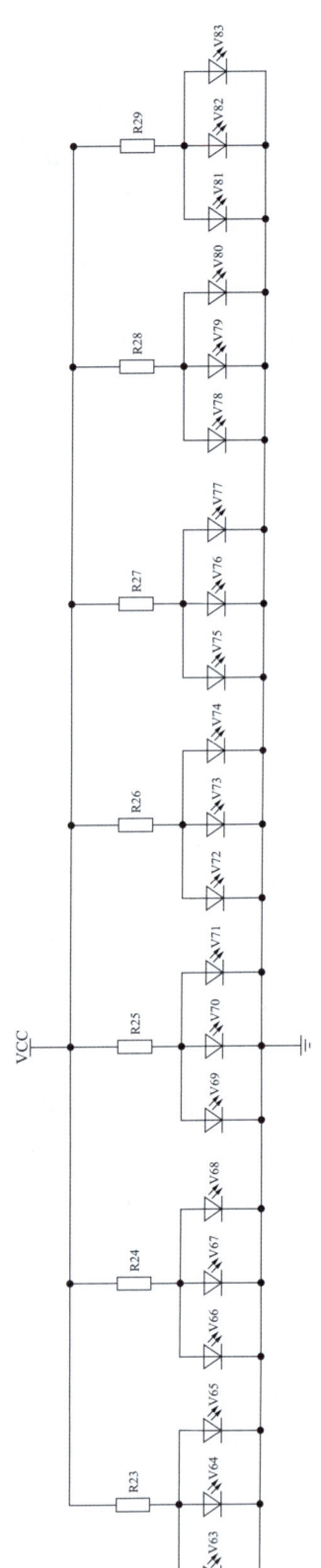

图 5-2 公共部分发光二极管组

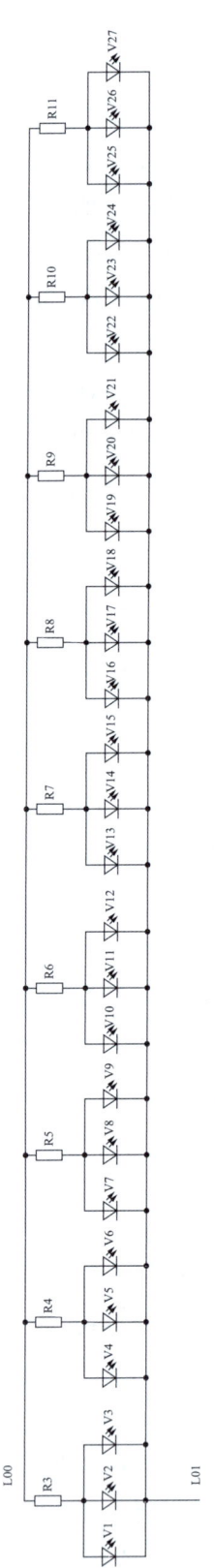

图 5-3 连接在 VT1 集电极和电源之间发蓝光的发光二极管组

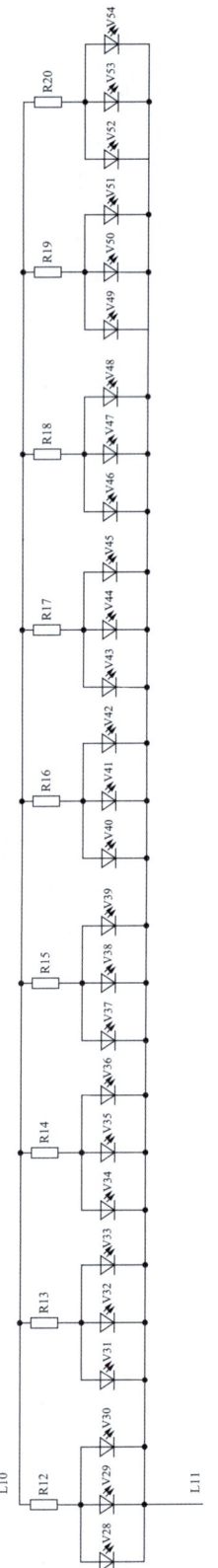

图 5-4 连接在 VT2 集电极和电源之间发蓝光的发光二极管组

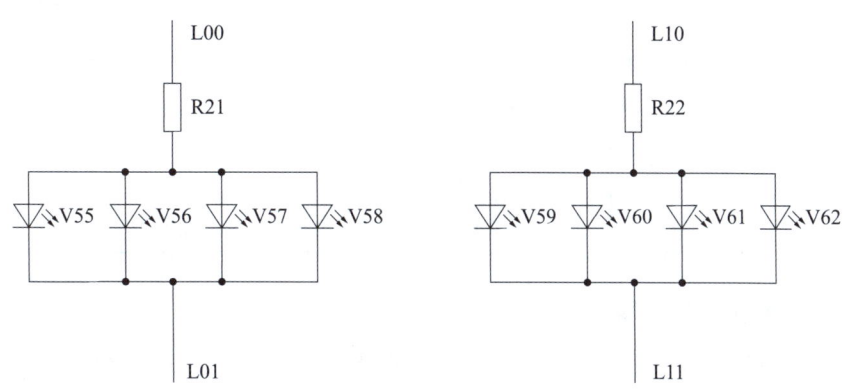

图 5-5 分别连接在 VT1、VT2 集电极和电源之间的发红光的发光二极管组

调节 R1、R2 和 C1、C2 的参数，可以调节多谐振荡器电路的振荡周期，从而改变风铃摇摆的频率。

技能要求

摇摆风铃的组装与调试

一、操作准备

准备摇摆风铃电子元器件 1 套、电烙铁 1 个、万用表 1 个、示波器 1 个、焊料和助焊剂等。

二、操作步骤

步骤 1　识读摇摆风铃电路图

摇摆风铃的电路图如图 5-1 至图 5-5 所示。

步骤 2　选择电子元器件

根据表 5-1 选择电子元器件，正确认识组装摇摆风铃所需电子元器件。

表 5-1　　　　　　　　摇摆风铃电子元器件清单

序号	电子元器件符号	电子元器件种类	规格	数量
1	C1、C2	电解电容	10 μF	2 个
2	V63、V64、V65	直插发光二极管	3 mm、发绿光	4 个（含备用）
3	V55～V62	直插发光二极管	3 mm、发红光	9 个（含备用）
4	V1～V54、V66～V83	直插发光二极管	3 mm、发蓝光	80 个（含备用）
5	P1	USB 接口电源	—	1 个
6	VT1、VT2	直插三极管	9013	2 个

电子器件装配

续表

序号	电子元器件符号	电子元器件种类	规格	数量
7	R1、R2	1/4W 直插色环电阻器	68 kΩ	2 个
8	R3~R29	1/4W 直插色环电阻器	1 kΩ	27 个
9	S1	自锁开关	8.5 mm×8.5 mm	1 个

步骤 3　检测电子元器件

用万用表对电子元器件进行质量检测，确保电子元器件完好。判断直插发光二极管、电解电容等的极性，识别直插三极管等的引脚。将各电子元器件的检测结果记录在表 5-2 中。将 C1 和 VT1 引脚的俯视图绘制在表格下方。

表 5-2　　　　　　　　电子元器件检测记录表

电子元器件符号	项目			
	色环排列顺序	标称值	测量值	在电路中的作用
R1				
R2				
	介质	标称容量	耐压值	测量值	在电路中的作用
C1					
	材料	管压降	在电路中的作用	
V1				
V55				
V63				
	类型	电流放大倍数		
VT1				

C1、VT1 引脚俯视图：

步骤 4　组装电路

（1）把选择好并检测合格的电子元器件和 PCB 在工作台上摆放整齐，如图 5-6 所示。

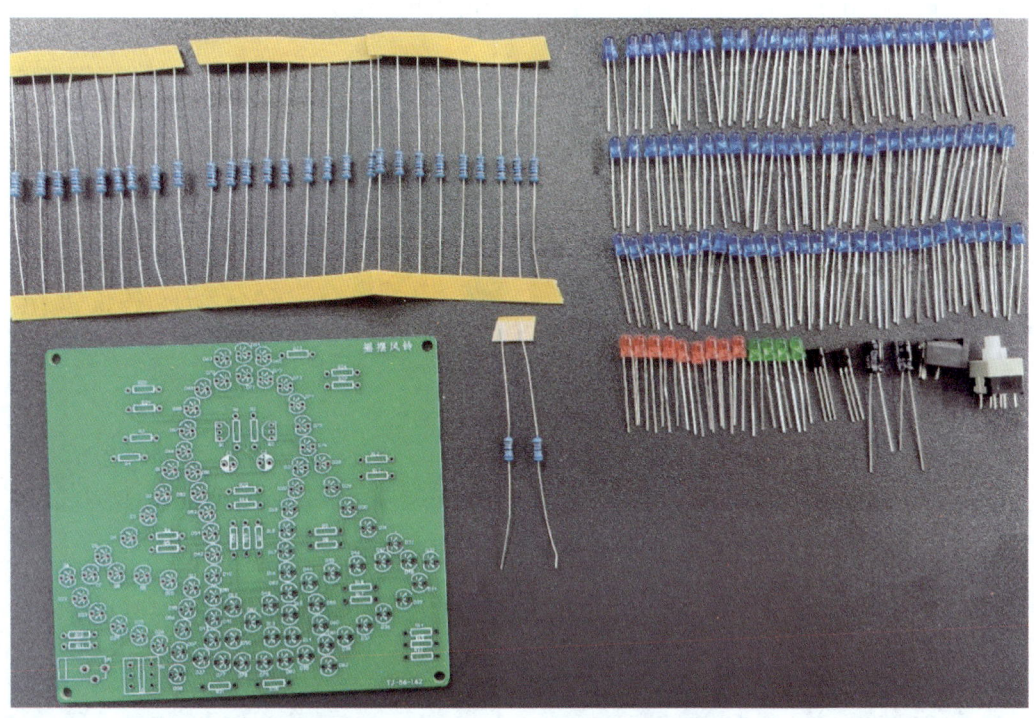

图 5-6　将选择好并检测合格的电子元器件和 PCB 在工作台上摆放整齐

（2）安装卧式电阻器。电路安装遵循由小到大、由低到高、由里到外的原则进行。先安装卧式电阻器，安装好卧式电阻器的 PCB 正反面如图 5-7 所示。

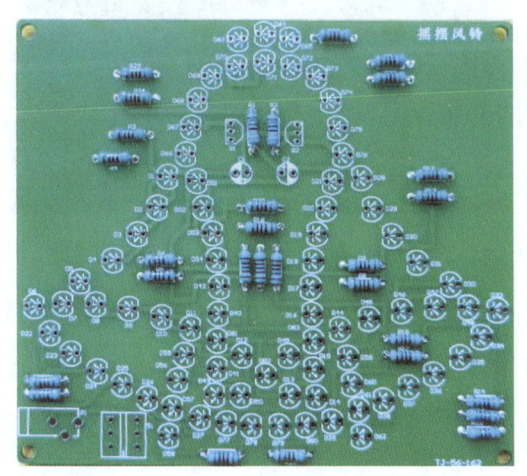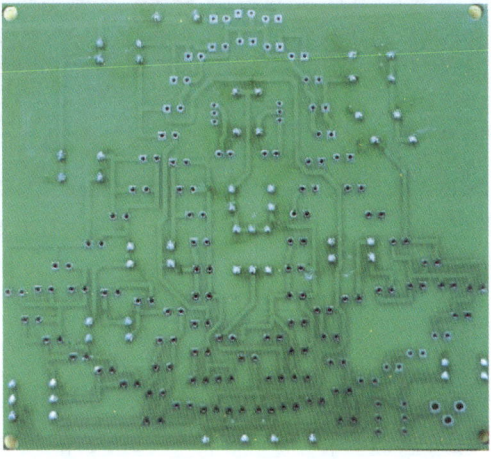

图 5-7　安装好卧式电阻器的 PCB 正反面

（3）安装风铃顶部的绿色发光二极管。安装好绿色发光二极管的 PCB 正反面如图 5-8 所示。安装发光二极管时，注意发光二极管的正负极和 PCB 上的正负极要一一对应，避免正负极安反导致发光二极管不能工作。发光二极管的长引脚为正极、短引脚为负极，PCB 上发光二极管图形符号三角形的顶角一侧为负极。

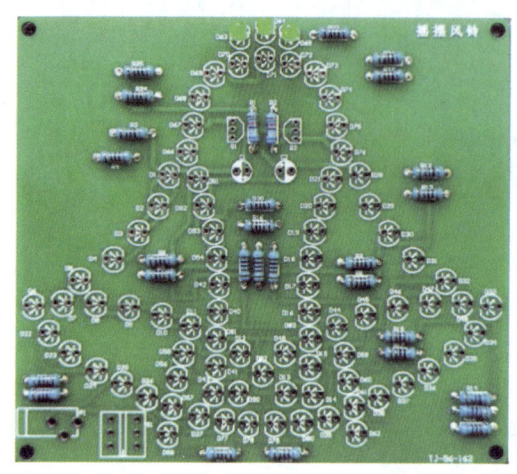 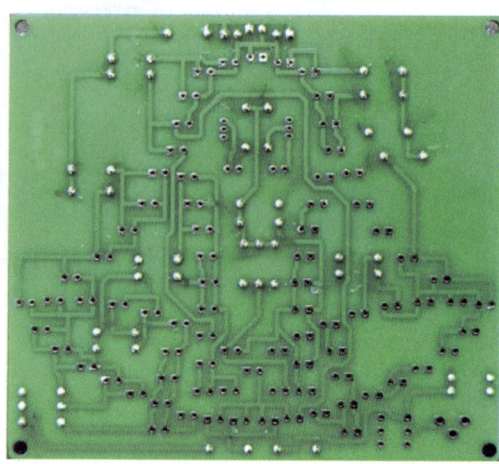

图 5-8　安装好绿色发光二极管的 PCB 正反面

（4）安装红色发光二极管。安装好红色发光二极管的 PCB 正反面如图 5-9 所示。

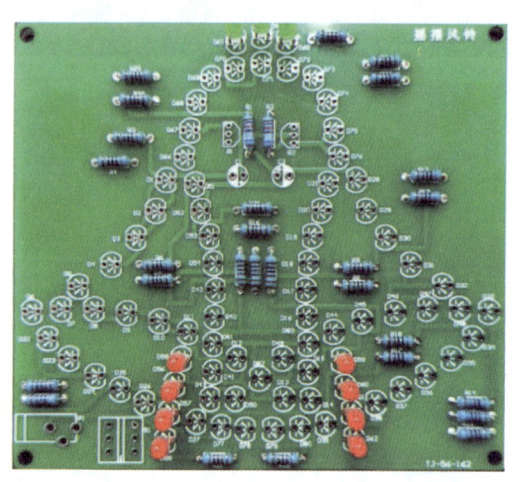 

图 5-9　安装好红色发光二极管的 PCB 正反面

（5）安装蓝色发光二极管。安装好蓝色发光二极管的 PCB 正反面如图 5-10 所示。

（6）安装电解电容。注意电解电容的正负极不能装反。电解电容上靠近负号标记的引脚为负极。安装好电解电容的 PCB 正反面如图 5-11 所示。

（7）安装三极管。注意三极管的引脚不要装错。安装好三极管的 PCB 正反面如图 5-12 所示。

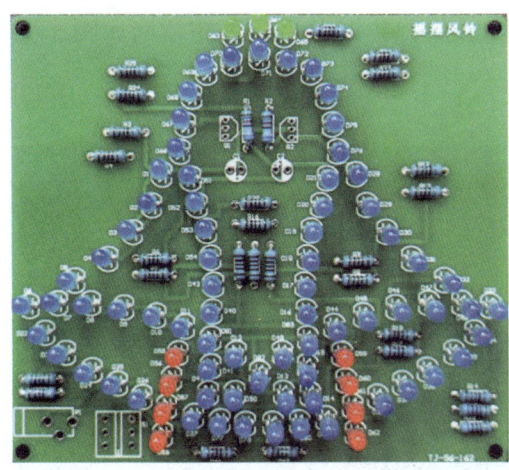

图 5-10　安装好蓝色发光二极管的 PCB 正反面

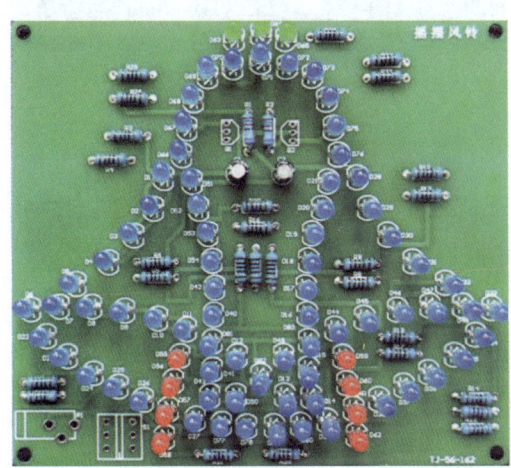
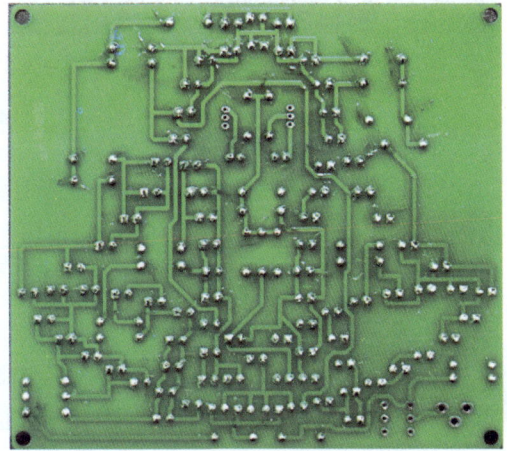

图 5-11　安装好电解电容的 PCB 正反面

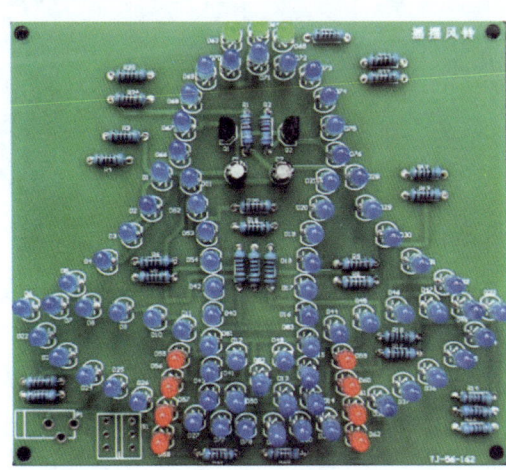

图 5-12　安装好三极管的 PCB 正反面

（8）安装 USB 接口电源和开关，安装完成。安装完成的 PCB 正反面如图 5-13 所示。

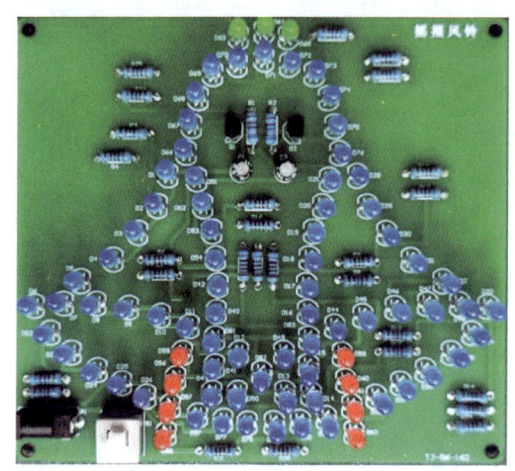 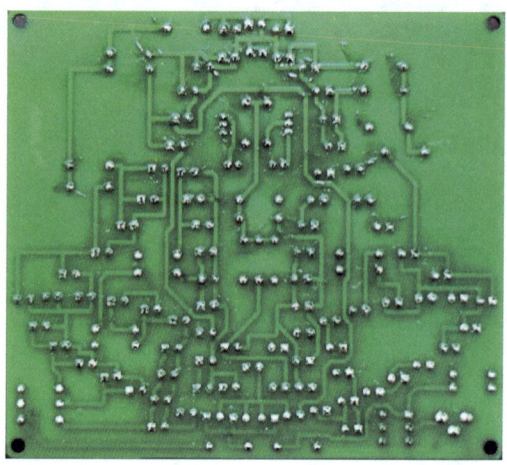

图 5-13　安装完成的 PCB 正反面

步骤 5　调试与检测

安装完成后，观察电路，查看是否有明显的虚焊、漏焊，如经观察没有问题，可以通电进行电路功能的检测。通电后可以用示波器观察 VT1、VT2 基极的信号波形。

三、注意事项

1. 安装三极管时，注意引脚不要装错，焊接时加热时间不宜过长。
2. 电路中发光二极管数量较多，安装时要细心，以免发光二极管正负极装反。
3. 安装电解电容时，应注意正负极不要装反。

测试题

一、判断题（将判断结果填入括号中，正确的画"√"，错误的画"×"）

1. 多谐振荡器的电路结构是完全对称的。　　　　　　　　　　　　（　　）
2. 多谐振荡器电路中三极管的工作状态有饱和导通和截止两种。　　（　　）
3. 摇摆风铃电路是用 USB 接口电源供电的。　　　　　　　　　　　（　　）
4. 多谐振荡器电路中三极管的导通是随机的。　　　　　　　　　　（　　）
5. 电路安装时不能先安装三极管。　　　　　　　　　　　　　　　（　　）

二、单项选择题（选择一个正确的答案，将相应的字母填入题内的括号中）

1. 电解电容上靠近负号标记的引脚是其（　　　）。

A. 正极   B. 负极   C. 基极   D. 集电极

2. 发光二极管（ ）引脚是正极。

A. 长   B. 短   C. 弯曲的   D. 平直的

3. 改变（ ）的电阻可以改变风铃摇摆的频率。

A. R1   B. R3   C. R5   D. R7

4. 摇摆风铃电路中 R13 的作用是（ ）。

A. 分压   B. 限流   C. 发热   D. 分压限流

5. 摇摆风铃电路中三极管具有（ ）作用。

A. 放大   B. 饱和   C. 截止   D. 开关

测试题参考答案

一、判断题

1. ×   2. √   3. √   4. ×   5. √

二、单项选择题

1. B   2. A   3. A   4. B   5. D

学习单元 2

电子产品整机组装

知识要求

一、电动螺丝刀知识

电动螺丝刀（见图 5-14），也称电批、电动起子，是一种用电力驱动的装配工具，用于拧紧和松开螺钉、螺母等，是一种将电能转换为机械能的工具。

图 5-14　电动螺丝刀
1—两挡调速开关　2—扭矩调节开关　3—三爪夹头　4—无级调速开关
5—机身　6—锂电池　7—正反转切换开关　8—尾部软胶　9—外壳

使用电动螺丝刀时应根据所安装螺钉的种类、规格选择不同种类、规格的批头。批头套装如图 5-15 所示。

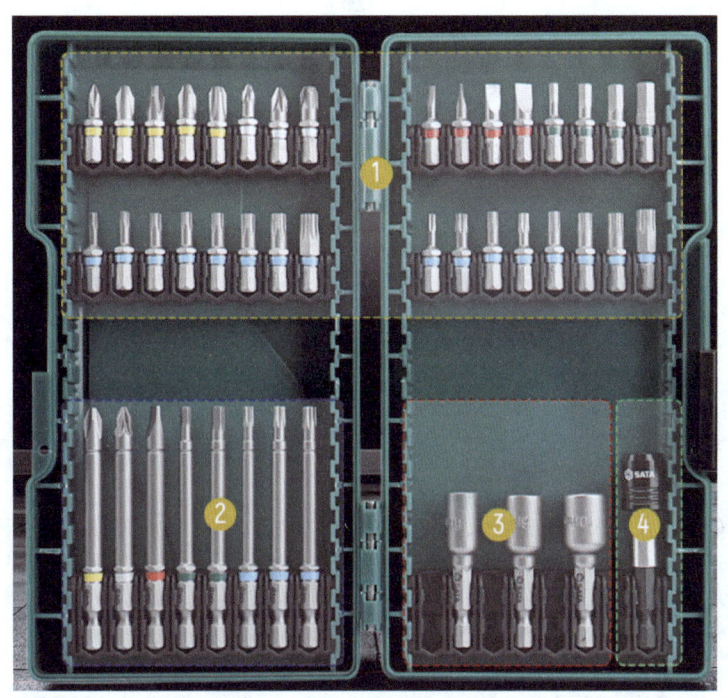

图 5-15 批头套装
1—25 mm 长批头 2—75 mm 长批头 3—六角柄套筒 4—快速夹头

使用电动螺丝刀应注意以下事项。
1. 在使用电动螺丝刀前，应确保电源连接正确且稳定。
2. 根据需要选择合适的批头和扭矩。
3. 在使用过程中，应注意规范操作，避免发生意外事故。
4. 定期对电动螺丝刀进行维护和保养，以确保其正常运行，延长其使用寿命。

二、螺钉知识

螺钉是具有各种结构形状头部的螺纹紧固件，其作用主要是把两个工件连在一起，起紧固的作用。

螺钉的种类繁多，根据用途、材质、形状等可分为多种类型。按照用途通常有普通螺钉、自攻螺钉、膨胀螺栓等。按照形状通常有六角头螺栓、内六角螺钉、沉头螺钉、盘头螺钉、平头螺钉、大扁头螺钉、圆头螺钉、方头螺钉、T 形螺钉、伞头螺钉等。按照尺寸有 M3、M4、M5 等规格。图 5-16 是一种内六角沉头螺钉。

图 5-16　内六角沉头螺钉

三、连接导线的加工

加工连接导线是电子产品整机装配的重要技能之一，常用的加工方法如下。

1. 线头绝缘层的剖削

（1）单股导线的剖削

1）钢丝钳剖削（导线截面积为 2.5 mm² 及以下）。在需要剖削处，用钢丝钳切破绝缘层表皮，左手拉紧导线，右手适度用力夹紧钢丝钳头部，将绝缘层勒去，如图 5-17 所示。

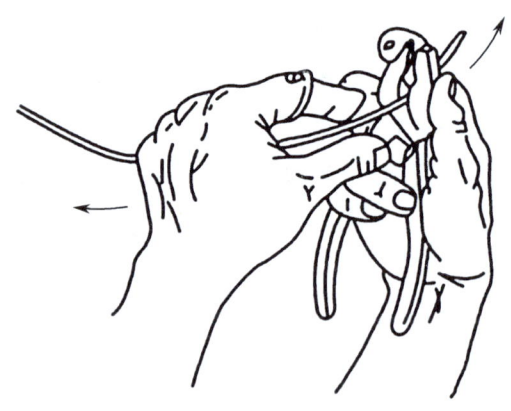

图 5-17　用钢丝钳剖削线头绝缘层

2）电工刀剖削（导线截面积为 4 mm² 及以上）。在需要剖削处使电工刀刀面与导线呈 45° 角，斜切入绝缘层，接着使刀面与导线保持 15° 角，向前推进，然后将未削去的部分扳翻，齐根切去。

（2）护套的剖削。按所需长度，将电工刀刀尖对准两股导线的中间划开公用绝缘层（护套），将其向后扳翻，齐根切去，如图5-18所示。

图5-18　护套的剖削

2. 线头的连接

（1）小直径单股导线的一字连接。将去除绝缘层和氧化层的两个线头十字交叉，绞合2~3圈，扳直两个线头自由端，将线头自由端在对方线芯上缠绕线芯直径的6~8倍长，剪去多余线头，修除毛刺，如图5-19所示。

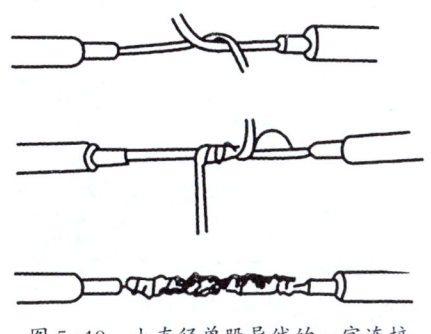

图5-19　小直径单股导线的一字连接

（2）大直径单股导线的一字连接。将两根线芯相对交叠，再用直径为1.6 mm的裸铜线缠绕交叠处，线芯直径5 mm及以下者缠绕60 mm长，线芯直径大于5 mm者缠绕90 mm长，再继续在交叠部位以外的线芯上缠绕5圈，线芯根部留出15 mm，如图5-20所示。

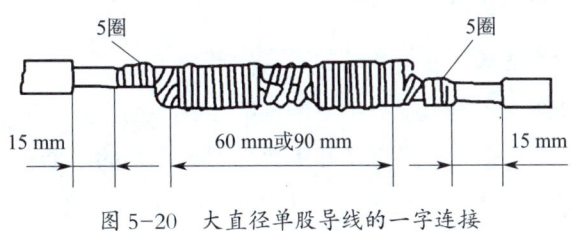

图5-20　大直径单股导线的一字连接

（3）小直径单股导线的T形连接。将支路线芯与干路线芯十字相交，支路线芯根部留出3~5 mm按顺时针方向在干路线芯上缠绕6~8圈，剪去多余线头，修除毛刺，如图5-21所示。

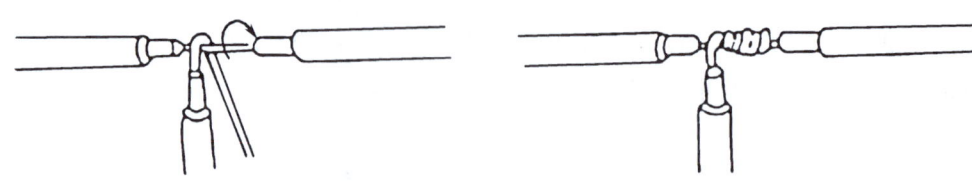

图 5-21 小直径单股导线的 T 形连接

3. 线头绝缘层的恢复

在线头连接完成后,必须将连接前剖削的绝缘层恢复,且恢复后的绝缘强度一般不应低于剖削前的绝缘强度,以保证用电安全。恢复线头绝缘层常用黄蜡带、黑胶带(黑胶布)等绝缘带。绝缘带宽度以 20 mm 为宜。线头绝缘层的恢复方法如图 5-22 所示。先将黄蜡带从线头的一侧完整绝缘层上离切口 40 mm 处开始包缠,使黄蜡带与导线保持约 55° 的倾斜角,后一圈压叠前一圈的 1/2 宽度。黄蜡带包缠完后,将黑胶带接在黄蜡带尾端,朝相反方向斜叠包缠,仍与导线保持 55° 倾斜角,后一圈压叠前一圈的 1/2 宽度。

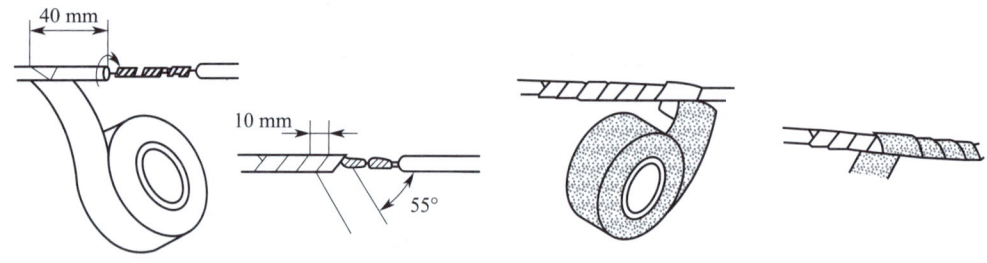

图 5-22 线头绝缘层的恢复方法

四、电子产品整机组装调试

1. 电子产品整机组装

电子产品整机组装是制造电子产品的重要生产环节。

组装时,首先根据装配图明确各个零部件的位置、连接方式等。

然后进行线路布局,避免线路交叉和重叠,保证线路的清晰、整齐、简洁。

接下来进行零部件安装,可采用自动安装或手工安装。常见的安装形式有贴板安装、悬空安装、垂直安装、埋头安装、有高度限制的安装和支架固定安装等。

最后安装设备外壳,将电源线连接到电路板上等。

2. 电子产品整机调试

首先根据所需测试的内容准备好测试设备，测试设备要与电子产品的零部件相匹配，确保测试结果准确、可靠。

其次进行连接检查，仔细检查各个零部件的连接情况，确保电路连接良好。

最后进行运行测试，确保电子产品各功能和性能正常。

3. 注意事项

（1）组装时应注意材料、工具等的正确放置。应将器件盒放置在左边，电动螺丝刀、钳子、螺丝刀、镊子、剪刀等工具放置在右边。

（2）在进行电子产品整机调试前，应对作业区域进行整理，整理并合理放置剩余材料、装配工具等，保持现场干净、整洁。

测试题

一、判断题（将判断结果填入括号中，正确的画"√"，错误的画"×"）

1. 电动螺丝刀与批头可以随意选用。（   ）
2. 组装时要选择合适规格型号的螺钉。（   ）
3. 剖削导线可以用打火机烧。（   ）
4. 电子产品整机组装的依据是装配图。（   ）

二、单项选择题（选择一个正确的答案，将相应的字母填入题内的括号中）

1.（   ）不是电子产品整机组装后使用的测试设备。

A. 万用表　　　　B. 示波器　　　　C. 毫伏表　　　　D. 波峰焊机

2. 进行大直径单股导线的一字连接时，将两根线芯相对交叠，再用直径为 1.6 mm 的裸铜线缠绕交叠处，线芯直径 5 mm 及以下者缠绕（   ）mm 长。

A. 30　　　　　　B. 40　　　　　　C. 50　　　　　　D. 60

测试题参考答案

一、判断题

1. ×　　2. √　　3. ×　　4. √

二、单项选择题

1. D　　2. D

附件1 电子器件装配专项职业能力考核规范

一、定义

运用电动螺丝刀（电批）、工装夹具等工具对电子产品整机进行组装的能力。

二、适用对象

运用或准备运用本项能力求职、就业的人员。

三、能力标准与鉴定内容

能力名称：电子器件装配		职业领域：电子专用设备装调工	
工作任务	操作规范	相关知识	考核比重
（一）装配准备	1. 能根据作业指导书把所需物料放到器件盒里 2. 能正确摆放器件盒和工具 3. 能正确把电动螺丝刀力度调到作业指导书要求的力度 4. 能根据装配工艺和材料清单准备和清点装配所需材料 5. 能根据工艺文件和装配图测算装配中所需辅料的品种、数量	1. 电子元器件辨识知识 2. 螺钉规格辨识知识 3. 材料清单识读知识 4. 常用工具使用知识	20%
（二）装配实施	1. 能看懂装配图和作业指导书，并能根据工艺要求和装配图确定器件的安装顺序和位置 2. 能按照装配图和作业指导书加工连接导线 3. 能按照装配图要求进行部件之间线路的布线和连接 4. 能正确、规范使用各种安装工具，将器件安装牢固 5. 能在安装过程中合理放置工具、器件和连接导线等物件，需保持安装现场整洁	1. 装配工艺文件识读知识 2. 作业指导书识读知识 3. 连接导线加工知识 4. 电气原理图识读与电气线路的布线、连接知识 5. 器件安装方法	60%

续表

工作任务	操作规范	相关知识	考核比重
（三）装配检查	1. 能按照装配图和作业指导书对所装配的部件和连接导线的正确性进行检查，并能对错误部分进行改正 2. 能按照装配工艺要求检测装配部件的安全性、可靠性 3. 能在装配结束后，整理剩余材料、装配工具并合理放置，保持现场干净、整洁	1. 装配物料辨识知识 2. 企业规范管理常识	20%

四、鉴定要求

（一）申报条件

达到法定劳动年龄，具有相应技能的劳动者均可申报。

（二）考评员构成

考评员应具有三级/高级工以上职业资格（职业技能等级）或中级以上专业技术职务任职资格，并熟知电子器件装配的专业知识和操作技能，具有较为丰富的考评工作经验。每个考评组不少于3名考评员。

（三）鉴定方式与鉴定时间

鉴定以实际操作的方式进行，鉴定时间为 60 min。

（四）鉴定场地与设备要求

鉴定场地面积不小于 150 m^2，光线充足，整洁无干扰，空气流通，具有安全措施。应配备绝缘安装操作台、电动螺丝刀、钳子、螺丝刀、镊子、剪刀、放大镜、卷尺、标记用的记号笔等常用工具，以及装配用部件、螺钉、扎带、垫片等材料。

附件2 电子器件装配专项职业能力培训课程规范

培训任务	学习单元	培训重点和难点	参考学时
（一）安全生产管理	1. 安全文明生产	重点：安全文明生产的意义 难点：安全用电、触电急救	4
	2. 5S管理	重点：5S的含义、目的及意义 难点：5S的内容和实施	6
（二）装配工艺文件的识读与编制	1. 装配工艺文件的识读	重点：装配工艺文件的种类 难点：装配工艺文件的内容	4
	2. 装配工艺文件的编制	重点：装配工艺文件的编制原则 难点：装配工艺文件的编制步骤	4
（三）电子元器件的识别与检测	1. 半导体二极管的识别与检测	重点：认识二极管 难点：二极管的识别与检测	4
	2. 半导体三极管的识别与检测	重点：认识三极管 难点：三极管的识别与检测	12
	3. 常用集成电路的识别与检测	重点：常见集成电路、集成电路的引脚识别 难点：集成电路的检测	2
（四）电子元器件的组装	1. 通孔安装技术	重点：直插元器件的引脚整形 难点：手工插件、自动插件	6
	2. 表面安装技术	重点：手工贴装和自动贴装 难点：表面安装技术的特点和工艺要求	6
（五）电子产品的组装调试	1. 摇摆风铃的组装调试	重点：摇摆风铃的电路组成 难点：摇摆风铃的组装与调试	12
	2. 电子产品整机组装	重点：电动螺丝刀知识、螺钉知识 难点：连接导线的加工、电子产品整机组装调试	12
总学时			72

注：参考学时是培训机构开展的理论教学及实操教学的建议学时数，包括岗位实习、现场观摩、自学自练等环节的学时数。